园林景观艺术设计精品教程

景观快题设计
方法与实例

A QULITY COURSEBOOK ON DESIGN OF GREEN LANDSCAPE ART
METHODS AND EXAMPLES ON LANDSCAPE FAST DESIGN

徐志伟 李国胜 栾春凤 主编

U0221833

江苏凤凰科学技术出版社

图书在版编目（CIP）数据

景观快题设计方法与实例 / 徐志伟，李国胜，栾春凤主编 . -- 南京：江苏凤凰科学技术出版社，2017.2
园林景观艺术设计精品教程 / 徐志伟主编
ISBN 978-7-5537-7951-5

Ⅰ . ①景… Ⅱ . ①徐… ②李… ③栾… Ⅲ . ①景观设计 Ⅳ . ① TU983

中国版本图书馆 CIP 数据核字 (2017) 第 014035 号

园林景观艺术设计精品教程
景观快题设计方法与实例

主　　　编	徐志伟　李国胜　栾春凤	
项 目 策 划	凤凰空间／刘立颖	
责 任 编 辑	刘屹立	
特 约 编 辑	刘立颖	

出 版 发 行　凤凰出版传媒股份有限公司
　　　　　　江苏凤凰科学技术出版社
出版社地址　南京市湖南路1号A楼，邮编：210009
出版社网址　http://www.pspress.cn
总 　 经 　 销　天津凤凰空间文化传媒有限公司
总经销网址　http://www.ifengspace.cn
经 　 　 销　全国新华书店
印 　 　 刷　北京建宏印刷有限公司

开　　　本　787 mm×1 092 mm　1/12
印　　　张　14
字　　　数　200 000
版　　　次　2017年2月第1版
印　　　次　2023年3月第2次印刷

标 准 书 号　ISBN 978-7-5537-7951-5
定　　　价　79.00元

本书编委会

主　　编： 徐志伟　李国胜　栾春凤

编委成员：（排名不分先后）

目 录

前　言

景观设计是一项涉及内容广泛且又具体入微的工作，从构思到最终完成是一个非常复杂的系统过程。景观设计可以划分为不同的设计阶段：概念设计、方案设计、施工设计等。仅就方案设计阶段而言，其内容也是多层次的，成果通常包括分析图、总平面图、竖向设计图、种植设计图、路径分析图、基础设施分析图、鸟瞰图等一系列图纸和设计说明，从不同角度来表达设计的内容与特征。

景观快题设计顾名思义就是"快"速设计，在限定的短暂时间内完成设计方案构思和设计成果，是方案设计的一种特殊表现形式，其目的在于考察学生快速设计与表达的能力。此外，快题设计也是许多单位考察设计者设计思想的一个简易方法。在快题设计的考试中，往往需要学生在短暂而有限的时间内解决题目限定的问题，同时完善一套设计方案，这就需要应试的学生具有深厚的专业功底和素养。初学者往往无法把控快题考试的重点，而陷入一个误区，认为快题考试仅仅是将植物、地形、水体、道路广场等要素随意地拼凑而已，最终形成一套拼贴感很强的方案。抑或是由于学生在学校学习的过程中不注重基础知识的积累，设计基础欠缺，致使进行快题设计时无从下手，最终只能死记硬背一些套图，直接用来应付快题考试，完全忽视考试中快题任务书中的要求，这样取得的成绩往往很低。

本书通过研究和梳理快题设计特点并结合快题教学的经验，系统地总结了景观快题设计的基础知识和设计方法。全书共分为五章，第一章主要介绍快题设计特点、场地类型、设计内容、快题评价标准以及快题结构设计和空间设计等；第二章主要介绍快题任务书解读与分析，方案构思与设计起步等；第三章主要通过场地分类的方式，对大型、中型、小型、带状等不同类型场地的设计要点、模式、步骤和常见错误等分别进行总结；第四章主要通过针对性地选择 11 套快题试题，并配选优秀案例进行展示和点评，供初学者学习、参考之用；第五章通过对设计成果和设计基础的总结为初学者提供基础铺垫。

我们一直在努力探究景观设计，每一本景观快题书都不可能囊括景观设计的全部，希望通过本书能够为初学者提供一个快速掌握快题设计的方法。

本书在编写过程中，得到多方的支持和帮助，在此特别感谢河南农业大学的刘路祥、华中农业大学的张进杰、湖南大学的张凯悦、武汉大学的崔珩、南京林业大学的范浦栗、华南农业大学的刘爽，绘聚中国手绘设计培训（以下简称"绘聚手绘"）的徐志伟、李国胜、路瑶。此外，对绘聚手绘学员孙晴晴、刘子瑜、林瑜、张雅静、赵文婧、王雪娇、高侨、段紫钰、刘宠、李萌珂、刘曼舒、李庆贺、张佳慧、李婷杰、李琛琛、雍梦莹、王晨、闫红侠、娄丽娜、陈燕茹、陈露露、何珊珊、陈露、张慧、马九萍、杨丹琪、宋文芳、秦伟英、冯理明、陈友倩、肖桦、王慧祯、张幸幸、刘晓彤、侯思雨、程聪等提供作品表示衷心的感谢！

最后，欢迎广大同仁和读者朋友对本书进行批评指正！

编者

2016 年 11 月

第一章　快题表现与设计概述

Overview of Fast Design and Performance

◆快题设计的基本概述

◆快题设计的基本类型与内容

◆景观快题的应试准备

◆快题设计方案的评价

◆快题考试时间分配

一、快题设计的基本概述

1. 快题设计的定义

快题设计是指在限定的短暂时间内完成设计方案构思和设计成果，是方案设计的一种特殊表现形式，其目的在于考察学生快速设计与表达的能力。考试类的快题设计时间一般为 3 小时、6 小时或 8 小时等，多采用 6 小时快题设计。此外，快题设计也是许多单位考察设计者设计思想的一个简易方法。

2. 快题设计的特点

（1）快题设计的时间短、速度快

快题设计要求在短时间（通常 3 或 6 小时）内完成既定的设计任务，其考试内容多、范围广、设计强度大。快题设计作为一门基础类的考试，不需要像课程设计或实际项目那样深入到设计中的各个要素，考生只需进行合理的整体设计即可，也不必拘泥于方案的细节处理。

（2）快题设计是方案设计的特殊形式

一般来说，园林设计有一个科学合理的设计周期，从任务书的制订、概念设计到方案设计，每个环节都要求有一定的时间，以此来确保设计的质量。而快题设计则把设计周期压缩到几个小时，但是设计目标、任务、手法并没有实质性的改变。可以说，快题设计对设计者来说是非常大的挑战。

（3）快题设计要求高度概括的方案

快题方案设计是一个发现问题、分析问题和解决问题的过程，是综合解决立意、功能、空间、形态、环境、结构、材料等各方面问题的复杂过程。因此，快题设计要求设计者在尽可能短的时间内抓住主要矛盾，提出一个高度概括的方案，解决设计的实质问题。

（4）快题设计要求考生具有扎实的基本功和较宽的知识面

在有限的时间内形成设计方案的构思，推敲方案设计直至最后完成方案的表达，要求考生必须具备扎实的基本功。这里所说的基本功包括快速构思、快速设计、快速表达的技巧。在考察考生设计能力的同时，还会考察例如生态、历史、规范、尺度、设计常识等基础知识。

（5）快题设计的题目具有一定特点

快题设计的题目设置往往便于考察考生的专业素质、综合能力和表达能力。此类题目比较常见、普通，主要有居住区绿地、公园绿地、校园绿地、街头绿地、滨河绿地等类型。通常情况下会有一定的限定条件，需要考生根据实际情况进行设计。

二、快题设计的基本类型与内容

1. 快题设计的基本类型

（1）小型绿地

一般是指规模在 1 hm² 以下的绿地，类型包括街旁绿地，居住区组团绿地，小区游园，办公楼，教学楼，商务建筑的庭院绿地、屋顶花园等。平面图常采用 1：200 或 1：300 的比例。

（2）中型绿地

是指规模在 1 ~ 5 hm² 之间的绿地，类型包括居住区公园、城市小型公园、一部分面积较大的小区游园等，平面图常采用 1：300 或 1：500 的比例。

（3）大型绿地

是指规模在 5 hm² 以上的绿地，类型主要是区级综合性公园或者城市其他开放绿地等，平面图布置常采用 1：1000 的比例。

（4）带状绿地

是指沿城市道路、城墙、水系等，有一定游憩设施的狭长形绿地。宽度是带状公园设计的基本指标，一般宜在 8 m 以上，最窄处应能满足游人通行、绿化种植带延续一级小型休憩设施布置的要求。

2. 快题设计的内容

风景园林快题设计考试的内容主要是围绕园林专业的范围，一般包括城市公园设计、居住区设计、广场设计、校园环境设计等，面积一般不会超过 5 hm²（部分学校快题考试中场地偏大）。设计表现通常包括分析图、总平面图、立面图或者剖面图、鸟瞰图、局部效果图、节点放大图、设计说明等。

由于时间的限制，快题考试对于设计深度的要求不是很高。从设计的层面来讲，一般考察学生的设计理念，对于场地的把握，规范的理解和一些心理尺度的运用以及手绘能力，要求应试者在短时间内按比例绘制出场地的平面图、立面图、剖面图、透视图等。

三、景观快题的应试准备

1. 快题认知

目前，快题设计是考研的必经之路，也是很多大型设计单位录用人员时的考核项目之一。它不仅考察考生在有限的时间内理解设计要求、对场地进行分析、综合考虑周边状况的能力，还考察考生快速思考和创造的能力，以及手绘表达的功底。随着社会对设计类毕业生要求的不断提高，具备这种综合能力对于设计类学生来说尤为重要。

（1）快题设计原则的认知

在有限的时间内完成设计方案的表现工作，需要遵循快题设计的基本原则，而不是按照常规的图纸进行方案设计，否则既浪费时间又不能取得有特色表现的效果，更不能获得令人满意的成绩。

① 整体性原则。

图纸是否具有整体性反映了考生对全局的把握和表现能力。整体性包括设计的整体性，即方案设计结构清晰、布局合理，也包括图纸表达的整体性，即排版紧凑，表达完整、连贯。

② 完整性原则。

即尽可能地满足设计任务书的要求，设计内容要与题目相符，不能太夸张，不能与设计任务书有太大的出入。同时，要画清楚，写明白，无漏项。

③ 突显性原则。

设计过程中应抓大放小，在图纸表现上突出重点，这样才能让评委老师迅速了解设计者的思路和方案特点。例如出入口位置、核心景点，对限定条件的巧妙利用等，这些往往都是设计者构思的亮点，也是表达的重点。

（2）快题设计评分标准的认知

① 设计成果完整。

设计成果应该包含试卷要求的所有内容，特别是平面图、鸟瞰图。如果试卷要求的内容没有完成，是绝对不可能得高分的。

② 图纸排版合理。

画图之前，首先要在头脑中形成一个大致排版，对于每个图应该占多大面积、放在哪里合适、怎么摆放画面感更好应该做到心中有数。因为阅卷时第一印象很重要，画面感好的设计很容易突显出来而被看中。

③ 平面设计优秀。

一套好的快题设计要有好的平面图，其他的鸟瞰图、效果图、分析图及剖面图等都是对平面图的解释说明。如果平面图方案设计构思精巧、富有特色，手绘表现的基本功扎实，快题方案必定会脱颖而出。

④ 节点设计及植物配置表达良好。

景观节点和植物都是景观设计最主要的部分，在快题设计中要注意节点的空间组织、划分与围合。在进行植物配置时，应选择合适的种植方式和层次，特别是植物的图面尺寸不能失真。

⑤ 无明显硬伤。

比例不对、场地出入口设置不合理、无视地形变化以及场地内需要保留的文物古迹或古树名木等，都会严重影响快题考试成绩。还有一些必要标注，如指北针、比例尺、图名、剖切符号等，都是必不可少的。

2. 景观快题设计训练

风景园林快题考试对于专业学生来说，设计水平的提高主要靠大学阶段的学习和积累，在短期内能做到的事情就是提高熟练程度，掌握快速表现技巧，使自己在有限的时间内展示大学期间的学习成果。而对于跨专业的学生来说，设计水平基本为零，想在短期内从无到有，只能借助针对性强的突击训练，或许能够完成一个符合要求的中规中矩的方案，下面给大家推荐一个从模仿到自主创作、从分解到整体连贯的训练方法。

（1）园林节点训练

从设计节点开始，例如入口广场、休闲广场、滨水景点等，重点在于各类形态的空间组合以及各类园林要素的快速表现方法（图1-1、图1-2）。对于基础较差的学生来说，训练可以从模仿开始。选取一些现成的、适应性强的节点反复练习，熟悉节点的空间构成、植物表达、铺装设计、园林建筑与小品的表现技巧，不要忽视进行快速表现以及色彩搭配的训练，图纸表现以 1：100 为主。

（2）小尺度园林的训练

临摹和研读经典园林总平面，掌握常见的功能组成、路网结构、空间节奏控制、平面构成方法等，找到自己擅长和喜欢的设计风格。前期训练可以不计时间，以模仿为主，注重设计质量。在此基础上，找一些街头绿地、居住区游园等实例进行练习，多关注技能的训练，

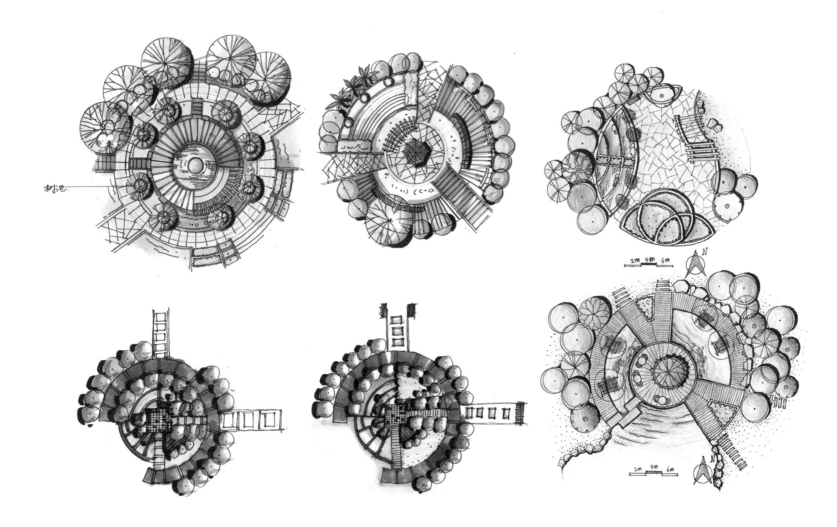

图 1-1 节点设计与表现一（何珊珊、周海涛绘）

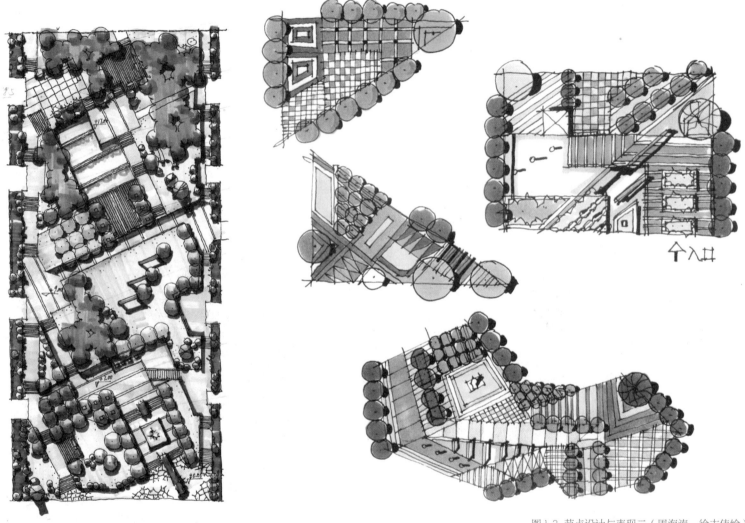

图1-2 节点设计与表现二（周海涛、徐志伟绘）

尤其是尺度感，等设计能力提高以后，再提升设计速度。训练时，内容要全面，平面图、剖面图、透视图、鸟瞰图都要训练到位，同时包括练习排版、取名、说明等，图纸表现以 1 ∶ 200、1 ∶ 300 为主（图 1-3、图 1-4）。

（3）大尺度园林的训练

大尺度的园林基地功能复杂，要求更多，但是由于图纸比例的限制，一般重在考察园林的功能布局和景观结构。对于基础较差的同学，同样可从模仿开始，揣摩经典案例的功能安排、空间架构、交通组织、景点的分布、路网的分级等；然后结合实际题目进行自主创作，训练

内容要全面。由于大尺度园林在平面图上看到最多的是植物，因此，植物的快速表现以及色彩搭配非常重要，需要重点训练。图纸表现以 1 ∶ 500、1 ∶ 1000 为主（图 1-5、图 1-6）。

（4）模拟训练

快题是时间性很强的考试科目，在日常的局部和整体训练以后，后期的模拟训练一定要严格按照考试规定的时间来完成。只有经过模拟实战阶段，才能把握时间的节奏并逐步提高临场应变的能力。模拟训练时，建议找到所要报考院校的往届考题，有针对性地进行演练。

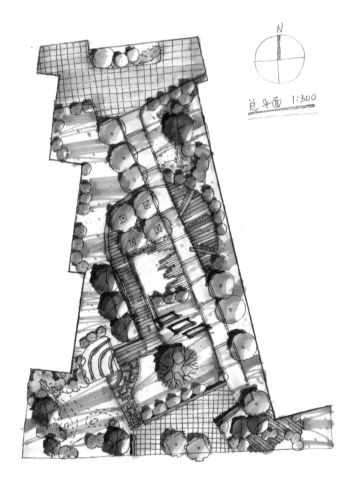

图 1-3　1 ∶ 200 平面图表现（周海涛绘）

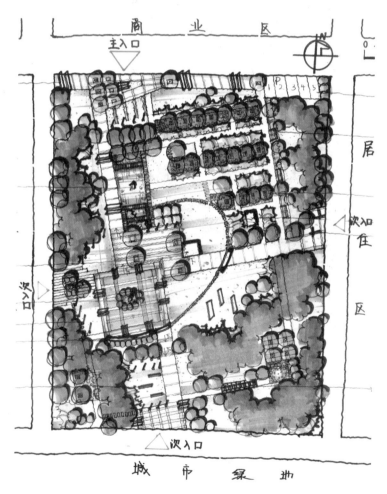

图 1-4　1 ∶ 300 平面图表现（张进杰绘）

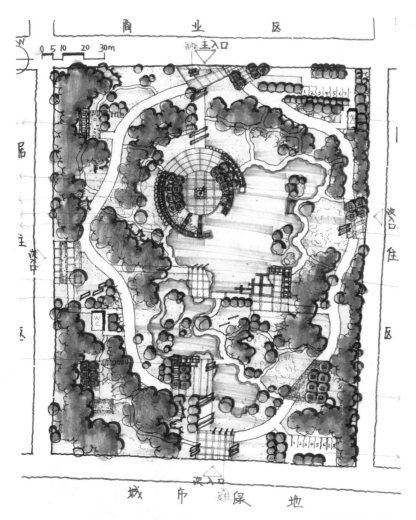

图1-5　1：500平面图表现（张进杰绘）

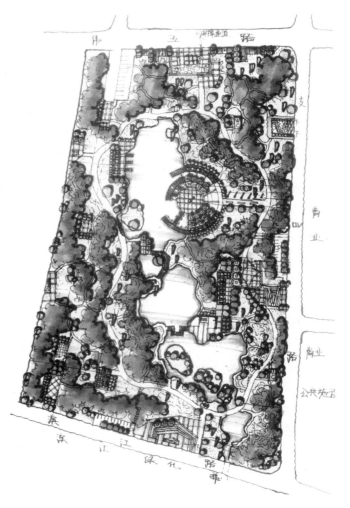

图1-6　1：1000平面图表现（张进杰绘）

3. 规范知识准备

规范是为使景观规划规范化，统一规划设计文件的内容和深度，使设计有所依据，减少工作中的随意因素和因此造成的时间、人力、物力损耗，提高工作效率。景观园林中的设计规范，根据不同的场地要求和使用情况也会有不同的说明及略微变动，因此需要通过对规范书籍的查阅和学习熟知常用景观规范。通过对景观快题设计中常用设计规范的总结，旨在解决同学们设计中常见的尺度问题。此后的章节中会有规范类知识的详细介绍。

4. 考前准备

快题考前准备对于要考建筑与景观研究生的同学们来说至关重要。对快题考前准备事项简述如下。

（1）工具的选择

初步的草图，考生可以用铅笔在图纸上勾出大体轮廓，而后，用针管笔徒手或结合尺规上墨线。对于色彩的表达，各个学校有不同的要求。景观类上色的工具多种多样，如：水彩、马克笔、彩色铅笔、色粉等。值得注意的是，每种工具都有自己的特性，在快题类考试中，推荐考生以马克笔上色，结合彩色铅笔。马克笔快捷方便，结合彩色铅笔进行后期的加工处理，可以起到画龙点睛的作用。但是，马克笔不易修改，考生下手之前，应做到心中有数。这就要求考生在平时要不断地进行练习，熟练掌握马克笔的上色技法与颜色的搭配，形成属于自己的"风格"。

（2）表达的元素

景观类快题考试中，表达的元素一般包括：植物、景观小品、建筑物、人物等。考生需要掌握这些元素的平面表现以及立体表现。植物方面，在快题考试中，一般以乔木、灌木、草坪、花坛居多，因此考生平日里需要进行单体植物、组团植物的画法训练，熟悉每种植物的表现。在群组植物的表现上，还应注意层次和透视的问题。景观小品考生可分类准备，如园林座椅的准备，考生可选取几个自己熟悉的座椅，熟练掌握。对于观赏类小品，考生可根据不同的场地、不同的主题进行准备。此外，考生应注意对景观平面的研习和积累（图1-7、图1-8）。

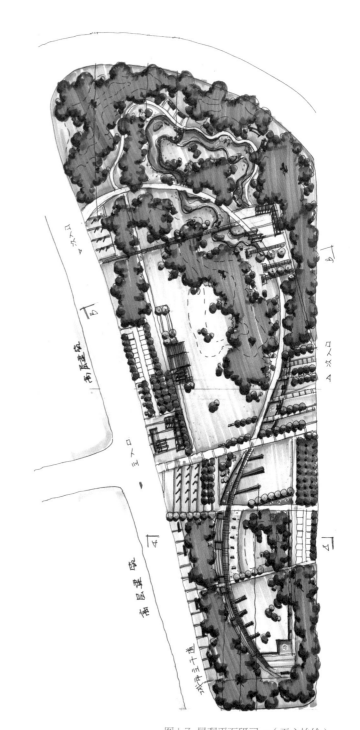

图1-7 景观平面研习一（王心怡绘）

准备考试的前期，考生可先进行基础性的手绘练习，如线条的练习、单体的绘制、基础上色方法的学习；然后进行整体画面的临摹；接着可参照实景照片进行提取。对现实景观进行速写练习，也是一个迅速提高手绘水平的有效方法。平日里考生应注意对设计元素、设计素材的积累以及设计能力的培养。后期，考生需要进行整体的模拟考试，按照自己所报考院校的时间要求，控制时间，进行集中训练。也可将学校历年的考题模拟测试，并认真研究高分试卷，了解自己的不足。

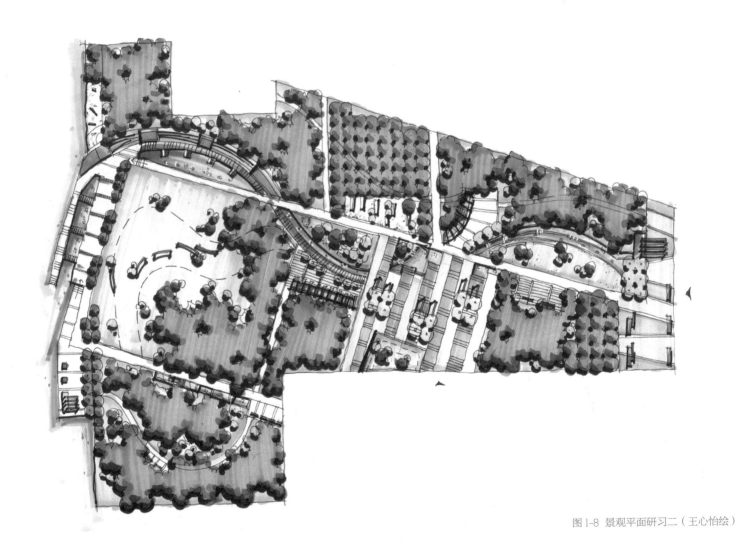

图1-8 景观平面研习二（王心怡绘）

四、快题设计方案的评价

1. 符合环境的设计条件

风景园林快题设计中，应通过场地现状分析，对场地周边及内部环境有详尽的了解，充分掌握和把控场地内外的有利条件，并在设计中通过改造或屏蔽不利因素，最大限度地避免和降低不利环境条件对景观设计的影响。此外，设计中应充分考虑周边现状，在没有给出公园明确定位的情况下，可通过周边主要环境条件定位公园性质，如滨水公园等；也可根据场地周边的人群情况而定，如周边有居民区则需考虑场地设计中是否适当增加活动设施等；若有幼儿园则需考虑是否需要增加儿童活动场所等。

2. 功能合理分区与布局

根据活动人群、活动性质的不同，往往将公园分为文化娱乐区、儿童活动区、老人活动区、体育活动区、观赏游览区、安静休息区、园务管理区等。

其中，文化娱乐区常设于公园的中部，是公园布局的构图中心。儿童活动区在综合性公园中是一个相对独立的区域，一般布置在公园的主入口附近。老人活动区应设置在观赏游览区或安静休息区附近，并设置一些适合老人活动的设施。体育活动区的主要功能是供广大青少年开展各项体育活动，具有游人多、集散时间短、对其他各项活动干扰大等特点；布局上要尽量靠近主要干道，或专门设置出入口，因地制宜地设立各种活动场地。观赏游览区占地面积大，为了达到观赏游览的效果，要求该区游人分布密度小。安静休息区可根据地形分散设置，选择有大片风景林地、地形较为复杂和自然景观丰富的区域。园务管理区是为公园管理的需要而设置的，要设立专用出入口。

对面积较大的公园进行功能分区主要是为了使各类活动顺利开展，互不干扰，尽可能按照自然环境和动静特点布置分区。当公园面积较小时，明确分区往往会有困难，故常将各种不同性质的活动内容整合安排，有些项目可以作适当压缩或将一种活动的规模、设施减少，合并到功能相近的区域内。

3. 多样园林空间设计

在园林设计中，无论是立意、构思还是轴线、序列等，最终都是要落实到空间中，要靠空间来体现。因此，园林空间的设计能力是设计者必备的重要专业素养。在应试前，要明确自己擅长的空间组织方式，然后将其运用于各类场地中，学会举一反三。

（1）单一园林空间的设计

① 空间的比例与尺度。

比例和尺度直接影响园林空间布局和造景。某些几何形体本身就具有良好的比例，如圆形、正方形、等边三角形、正方形、黄金比长方形等，它们出现在园林中易吸引人的视线（图1-9）。作为人们休闲、活动之用的园林空间，尺度是受其共享功能、视觉要求、心理因素和规划人数等综合因素影响的。单一空间的长、宽一般控制在 20~30 m；如果要表现宏大的气势，尺度可以达到 50~60 m，但对于居住区公园或中、小型城市公园，应特别注意不要出现大而空的活动空间。

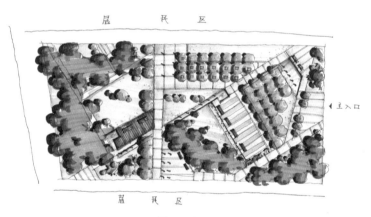

图1-9 空间的比例与尺度表现（王心怡绘）

② 空间形态。

园林在空间形态的表达上要注重几何学的应用和它们在抽象意义上的表达。几何形空间具有简洁、单纯的特点，是现代景观设计文化中突出的特点之一。几何构图中，圆形、方形和三角形由于其形象简明完整，已经成为园林景观设计中的重要造型要素（图1-10）。其中，方形包括正方形和矩形，三角形可以在角度上进行衍生，圆形可以衍生出两圆相接、圆和半圆、圆和切线、圆的分割以及椭圆、螺旋线等多种形态。

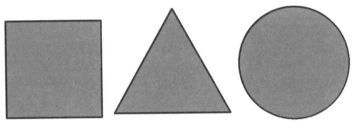

图1-10　方形、三角形和圆形（刘路祥绘）

图1-12　圆形广场的设计与表现二（曾亚绘）

　　圆形的魅力在于它的简洁性、统一性和整体感，以单个圆形设计出的空间具有简洁性和力量感（图1-11、图1-12），因此园林设计中经常看到圆形的广场、花坛等。

　　方形是最简单和最实用的设计图形，它包括正方形、矩形，其中，矩形具有平稳、规律、整洁的特点，经常出现在简约风格的景观设计之中（图1-13、图1-14）。

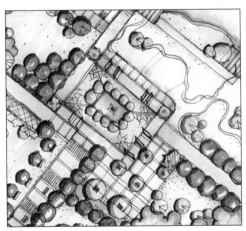

图1-13　方形广场的设计与表现一（刘子瑜绘）

图1-11　圆形广场的设计与表现一（张进杰绘）

图1-14　方形广场的设计与表现二（郭泽慧绘）

三角形具有牢固、稳定的视觉特征，在景观设计中经常作为个性突出的代表。由于三角形的空间不便于组织活动场地，因此，在现代景观设计中常把三角形边转化为折线、斜线，与方形结合变化为梯形、多边形、星形等（图1-15）。

③ 空间的细化。

园林设计的核心就是创造空间。对于单一园林空间来讲，常常借助花池、景墙、花架、树阵、水景等手段，丰富园林空间，满足各类人群娱乐休闲的需求，营造不同性质的优美环境（图1-16至图1-19）。

④ 空间的变化。

在景观设计过程中，往往不会单纯地使用某个完整的几何造型，而是通过各种单元空间的转角、分割、增加、合并、重叠、扭曲等手法，产生新的更加丰富的空间形态。例如圆形可衍生成半圆形、扇形、椭圆形等形式（图1-20）。

（2）多空间组合设计

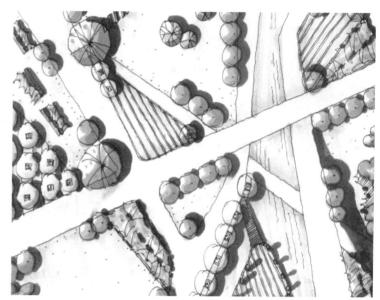

图1-15 三角形广场的设计与表现（孙晴晴绘）

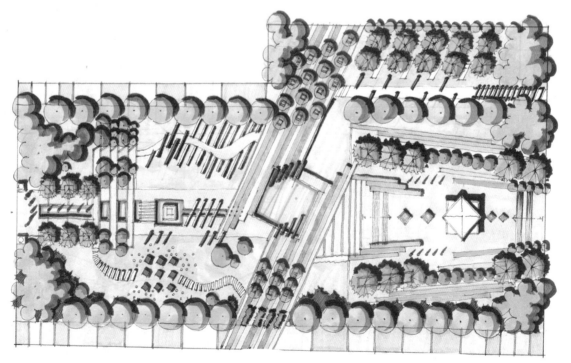

图1-16 通过铺装变化细化空间（林瑜绘）

图 1-17 利用高差、花池分割空间（王芳绘）

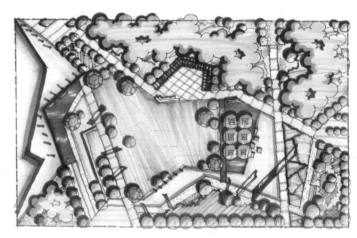

图 1-20 空间的变化（范蒲栗绘）

园林空间组合形式是指若干独立空间以某种方式衔接在一起，形成一个连续、有序的有机整体。在园林设计实践中，空间组合的形式千变万化，初看起来似乎很难分类总结，然而形式的变化最终要反映功能的特点，于是可以从错综复杂的现象中概括出若干种具有典型意义的空间组合形式（图 1-21），以便在实践中加以把握和应用。

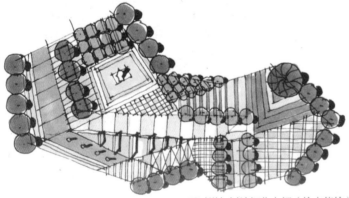

图 1-18 通过增加树池细化空间（徐志伟绘）

线式组合　　辐射式组合　　网格式组合　　集中式组合　　组团式组合

图 1-21 空间的组合方式（摘自《建筑：形式、空间和秩序》第三版）

① 线式组合

线式组合是以一系列内向封闭空间沿轴线向纵深发展的空间序列。它实际上包括沿着一个空间的序列，这些空间可以是尺寸、功能、形式相同的空间，也可以是尺寸、功能、形式不相同的空间，由一个独立的线式空间将它们组合起来。这种组合方式一般有轴线对空间进行定位，常运用于园林绿地的出入口、中心景点、纪念性空间等（图 1-22）。串联多为直线、折线或曲线等形式，以表示出方向性和运动感。

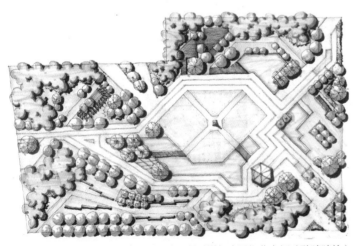

图 1-19 通过增加水景细化空间（孙晴晴绘）

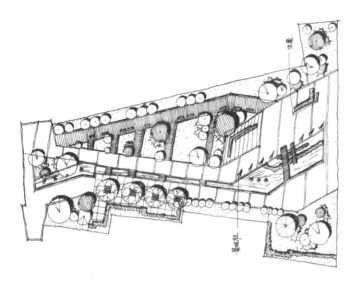

图 1-22 空间的线式组合（王芳绘）

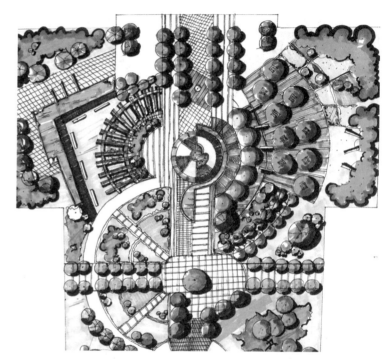

图 1-23 广场地面的辐射式铺装（朱航绘）

② 辐射式组合。

辐射式组合由一个中心空间和若干呈轴射状扩展的串联空间组合
而成，辐射式组合空间通过现行的分支向外伸展，与周围环境紧密结合。
这些辐射状分支空间的功能、形态、结构可以相同，也可不同，长度
可长可短，以适应不同基地环境的变化。辐射式构图和结构在设计中
经常被使用，如广场设计中为了强调中心景观地面铺装纹样设计成辐
射形（图 1-23），许多中心场地与周围道路的关系因功能需要呈放射
状（图 1-24）。

③ 网格式组合。

网格式组合是将园林的功能空间以二维或三维的网格作为模数单
元进行组合和联系。由于网格具有重复空间模数的特性，因而可以形
成增加、削减或层叠、转动、中断等效果，而网格的统一性保持不变。
在园林设计中，网格式组合表现出强烈的有序性和涵盖性，具体的表
现就是植被、铺装、水体和建筑的排列组合。

为了使构图更加灵活生动，一般会通过变异的手法，设计一个或
一部分非规律的基本形，在大小、方向、图底、形状、位置、肌理、
色彩等方面进行变异，用以突破规律的平淡与单调（图 1-25）。但是，
变异要适度，变异过大会显得独立或孤立，变异过小则有雷同之感。

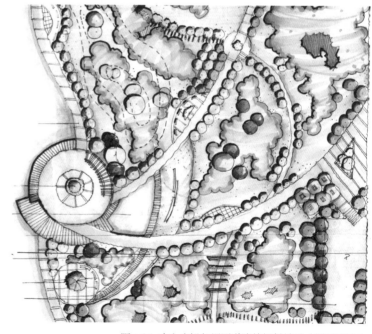

图 1-24 中心广场与周围道路的辐射关系（刘子瑜绘）

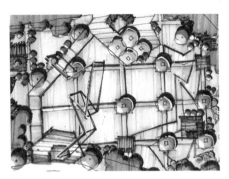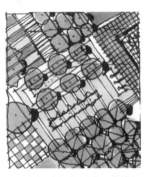

图 1-25　网格式组合设计与表现（王芳绘）

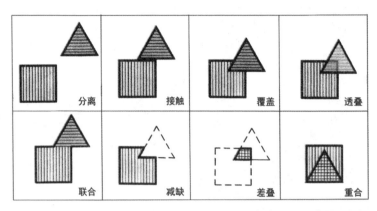

图 1-26　形与形的八种基本关系（摘自《建筑初步》第三版）

④ 集中式组合。

集中式组合通常是一种稳定的向心式构图，它由一定数量的次要空间围绕一个大的占主导地位的中心空间构成。处于中心的主导空间应有足够大的空间体量，以便使次要空间能够集结在其周围；次要空间的功能、体量可以完全相同，也可以不同，以适应功能和环境的需要。在园林设计中，往往选择大的广场作为主题空间。

集中式组合是多个形的组合，形与形之间会呈现出多种关系，可以归纳为分离、接触、覆盖、透叠、联合、减缺、差叠、重合，这几种关系基本涵盖了形与形相遇的所有可能（图 1-26）。形的组合要考虑形与形接触部分的主次、位置、角度、数量等关系问题。在园林空间设计中，要重点掌握构图比例、方圆空间穿插分割等经典构图手法（图 1-27）。

⑤ 组团式组合。

组团式组合是将若干各具特色的空间按自由组合的方式变化丰富的空间集群。这些空间大小不一，景观各不相同，一般功能相近，且具有共同或相近的形态特征（图 1-28、图 1-29）。联系紧密是组团式空间的特点，通过通道或者公共空间联系，这种组合方式在我国各种类型的园林中都可见到，在大型园林中最为常见。

园林空间组合方式的选择，一是考虑园林本身的设计要求，如功能分区、交通组织及景观需要等；二是考虑基地的外部条件，周围环境的不同会直接影响空间组合方式的选择。当然，对一些大型园林而言，园林空间组织绝非单一的形式，总是多种形式并用。

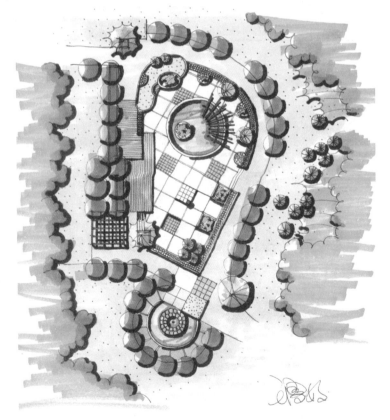

图 1-27　集中式组合的设计与表现（王雪娇绘）

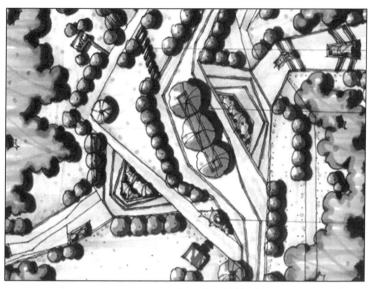

图1-28 组团式组合的设计与表现一（孙晴晴绘）

图1-29 组团式组合的设计与表现二（刘爽绘）

常见错误

（1）组合手法过多，空间没有统一的秩序，构图混乱，主次不分。

（2）空间之间的衔接僵硬，过渡空间没有处理好。

4. 满足园林结构设计

（1）园林结构的基本要素

结构是指组成事物各要素之间相对固定的组织方式或连接方式；设计对象的结构指各种材料的组合和存在方式。现代园林从几何构成特征来说，主要包括景点、路线、区域三部分；从美学的角度出发，园林设计主体——"空间"可以简化为点、线、面三个基本要素的组合。园林结构设计就是通过图像化的设计语汇，包括点、线、面和其他一些符号，使其变成看得见、体会得到的真情实景，帮助设计者表达自己的思想，也帮助观者读懂设计意图。所以在设计表达中，我们需要把这些点、线、面等设计语汇进行升华，让它们的排列组合能创造出有意境的园林空间和景象。

① 园林中的点。

点是视觉中心也是力的中心，它能够产生积聚视线的效果。当画面上有一个点时，人们的视线就集中在这个点上。运用点的这种积聚特性，一个点或者几个聚集的点可以形成视觉的焦点和中心，创造景观的空间美感和主题意境。

在园林设计中，一个点也常常用来标示园林空间的转角或两端或是两个线状园林空间的交叉点。比如在轴线的节点或终点设置点状的景观要素，在地形最突出的部分设置点状构筑物，如在山顶上布置亭子、塔等建筑，在构图的几何中心，如广场中心、植坛中心等布置点状景观要素以及在道路交叉口、转折处、尽端处设计景点等（图1-30）。

② 园林中的线。

线是点移动的轨迹。线的类型十分复杂，直线和曲线是最基本的线形。直线之中又分垂直线、水平线、斜线等；直线具有速度感，反映了运动最简洁的形态。曲线又分几何曲线和自由曲线。几何曲线规律性强，又可分为圆线、波状线、抛物线、双曲线、螺旋线等，具有柔和、优雅、含蓄的特点，富有节奏感；而自由曲线展示了个性化的特征，其线条很难被重复。

园林艺术中，线状要素贯穿全园，如直线形道路、划分广场铺地

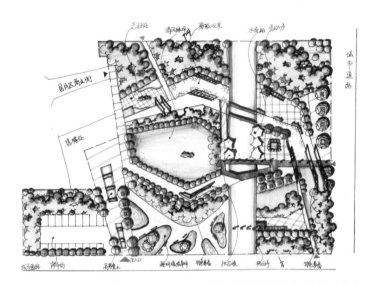

图 1-30　园林中的点（刘子瑜绘）

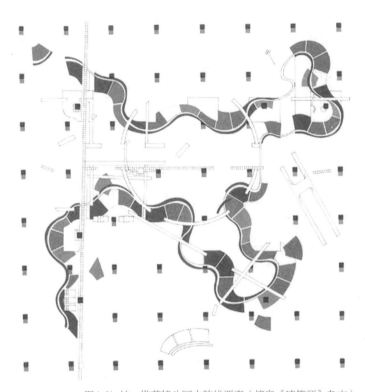

图 1-31　拉·维莱特公园中的线要素（摘自《建筑师》杂志）

的直线形铺装、富有韵律感的层层台阶、修建整齐的绿篱等，无一不显现出水平线的美；而竖直的灯柱和旗杆、花架廊垂直的支撑杆、建筑物的柱，都是园林景观中最富美感的垂直线条。当然，曲线也随处可见，自由曲线多运用在山石、水体、植被和园路上，其造型多以自然中的曲线形式为摹本。

　　在现代园林设计中，更多的是使用多种线形的结合，单一线形的使用则较为少见。曲线是景观设计应用较灵活的元素，在设计中，一条自由曲线形式的绿篱带可与建筑的规则几何结构相映成趣，无论在娱乐空间还是休闲场所，活泼的线形都更能展现个性化的特征，且很难被复制。例如，在由屈米设计的法国拉·维莱特公园中，其线要素有长廊、林荫道和一条贯穿全园的弯弯曲曲的小径，这条小径联系了公园的 10 个主题园，也是公园的一条最佳游览路线，徜徉其间，公园内几乎所有的特色景观与游憩活动都一一网罗其中（图 1-31）。

　　③ 园林中的面。

　　面是线移动的轨迹，具有亮度空间，有明显、完整的轮廓。园林设计中的面，是为了便于理解和分析景观格局，它没有厚度，只有长度和宽度。面在园林空间中既可表现画面主题，也可作为背景，具有平衡、丰富空间层次，烘托及深化主题的作用。例如，地面铺装可以看作是面，静止的水面可以看作是面。在园林设计中，面可以被理解

成一种媒介，应用于颜色或空间围合的处理。

　　面的形状可分多种，有几何形的面、自由形的面、偶然形的面等。几何形的面最容易复制，它是有规律的鲜明的形态，在规则式园林设计中应用较多。其中，圆形的面和正方形的面是最典型的规则面，这两种面的相加和相减，可以构成无数多样的面（图 1-32）。自由形的面形态优美，富有形象力，在自然式园林中运用较多，由于其具有洒脱性和随意性，深受人们的喜爱。

　　（2）园林景点设计

　　景点是整个园林设计中的精彩所在，而景点的位置、数量和排列方式等对园林结构具有重要的影响。

　　① 景点的等级设计。

　　园林中的景点一般有主要景点和次要景点之分。在功能分区和游览内容的组织上，主要景点起着核心作用，一个完整的园林景观应该有一个或者几个突出的主要景点，成为控制全局的焦点。一般通过运

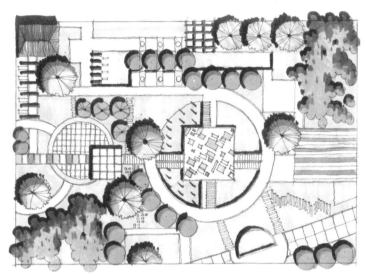

图 1-32　规则形面的运用（林瑜绘）

用轴线和风景视线来布置主要景点，主要景点往往布置在中轴线的终点，也常布置在园林纵横轴线的相交点，以及放射轴线或风景透视线的焦点上。

　　在规则式园林构图中，主要景点常居于几何中心，而在自然式园林构图中，主要景点常位于自然重心上。景点有了等级，则可为景源营造出不同的结构和层次，给予人们不同的认知过程和欣赏深度。合适的结构层次感，会使游赏内容和景区空间丰富变换，形成丰满的结构感和耐人寻味的情趣。有一些景区显得疏阔、简单，原因就在于缺少足够的景点，并且形态单一。

　　② 景点的密度设计。

　　在对景点进行布局设计的时候，一定要安排得有疏有密、有实有虚。一般可以根据功能、重要程度和服务半径来考虑相对位置，做到集中与分散相结合，并且点与点既要有区别又要有联系，使景点遥相呼应，让园林景观更加协调、视觉内容更加丰富。从距离角度来说，一级景点之间的距离可以控制在 300~500 m，任何两个景点之间的距离适宜控制在 100~300 m。一般情况，距离过大，会有分散感距离过小，则会显得太过拥挤。大型园林的景点之间的距离可以适当放大，小型园林的景点之间的距离可以适当缩短。从构图角度来说，平面的景点布局要均衡，疏密适宜。

　　③ 布局方式。

　　园林中景点的布局是研究如何使各种园林节点占有合理的位置，且主次得当、相互关联地构成一个整体。景点布局有多种方式，常见的是集中分散式布局。"集中"指的是快题中核心位置的节点布局，"分散"指的是其他区域的布局，这样的布局会使整个画面看起来收放有度，富有韵律和张力。

　　在这里不得不说一下构图法则。传统的构图法则有三分法和黄金分割法，这些布局法则从某个角度上来说可以让画面更"优美"，或看起来更加"舒服"。三分法，有时也称作井字构图法，是将画面三等分，将主要内容摆在大约三分之一的地方，这是一种在摄影、绘画、设计等艺术中经常使用的构图手法。黄金分割法是将事物一分为二，长段为全段的 0.618。0.618 被公认为是最具有审美意义的比例数字。

　　若场地面积较大，一块绿地可能需要布局两个以上的景点。此时，在总平面布局时，可以考虑采用三角形构图法则。这种三角形可以是正三角，也可以是斜三角或倒三角。其中斜三角较为常用，也更显灵活。以树丛为例，三棵树栽植时忌在同一直线上或呈等边三角形。三棵树的距离不宜相等，其中最大的树和最小的树要靠近些成为一组，中间大小的树要远离一些成为另一组，两组之间彼此有所呼应，使构图不被分割（图 1-33）。当园林基地面积更大、少数几个景点无法满足设计需要时，景点的布局应考虑图面的均衡。均衡是人们在长期生活中形成的一种心理需求和形式感觉；画面均衡与否，不仅对整体结构有影响，还与观众的欣赏心理紧密地联系着。

　　在园林绿地的布局中，由于受功能、组成部分、地形等各种复杂条件的制约，常采用不对称均衡的手法。不对称均衡的布置要综合考虑园林绿地构成要素的虚实、色彩、质感、疏密、线条、体形、数量等对人们产生的体量感觉，切忌单纯地考虑平面的构图。

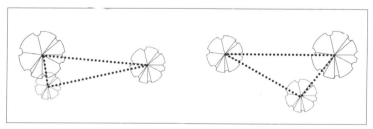

图 1-33　乔木的栽植（刘路祥绘）

（3）园林路网设计

园林的抽象形态是线，园路就像人体的脉络一样贯穿全园，是联系各个景区和景点的纽带和风景线。园林中道路系统不同于一般的城市道路系统，它具有自身的布置形式和布局特点。

① 路网等级设计。

园路按功能可分为主要道路、次要道路和游憩小路。主要园路供大量游人行走，必要时通行车辆；它要接通主要入口处，并贯通全园景区，形成全园的骨架，主要园路一般路面宽度为 **4~7 m**。次要园路是连接景区内各景点的道路，路宽 **2~4 m**。游憩小路是景区内通往各景点的散步、游玩小路，路宽 **1.2~2 m**。

园林路网设计首先应做到主次分明、方向明确，这样才能有效地起到组织引导游览、组织观赏的作用（图 1-34）。从艺术的角度讲，全园的路网不要均等分布、棋盘式的均等分布或几条路平行布置，这样会显得呆板且不自然。

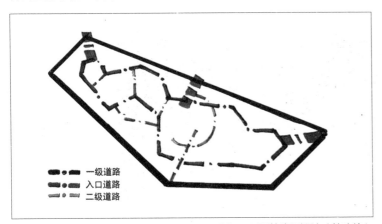

图 1-34 园林路网设计（林瑜绘）

一级道路
入口道路
二级道路

② 路网密度设计。

园路的尺度、分布密度同园林的规模、性质有关。如果路网密度过高，会使公园分割过于细碎，影响总体布局的效果，并使园路用地率升高，减少绿化用地；若路网密度过低，则交通不便，会造成游人穿踏草地。根据规范，公园内的道路面积大体占公园纵面的 **10%~12%**，在动物园、植物园或小游园内，道路网的密度可以稍大，但不宜超过 **25%**。或者按照 **200~380 m/hm²** 来核算。同时，园路的分布密度也与园林的功能分区、活动内容以及地形密切相关。人多的

地方，如游乐场、入口大门等，尺度和密度应该大一些；休闲散步区域，尺度和密度要小一些，达不到这个要求，绿地极易被损坏。另外，每条线路的总长应适应游人的体力和心理要求，超过一定长度就要增加休息景点。

③ 园路路口设计。

园路路口的设计是园路建设的重要组成部分。其中自然式园路系统中以三岔路为主，规则式园路系统中则以十字路居多。园路路口的设计应避免多路交叉，造成导向不明。不同的道路在宽度、铺装、走向上应有明显区别。当两条主干道相交时，交叉口应做扩大处理，以正交方式形成小广场，以方便行车、散步。小路应斜交，但不应交叉太多。两个交叉口不宜太近，要主次分明。以"丁"字交叉时，视线的焦点可设置对景。

④ 路网结构。

对于园林绿地来说，整个园林观赏活动的内容可归结于"点"的观赏、"线"的游览两个方面。总结景点和园路的组合关系，可以把路网图案归纳成下面几个基本类型，即"环""套""串""辐"（图1-35）。环式园路系统，是闭合的环状观赏路线；套环式园路系统，有几条观赏路线，形成环套环或环中有环的格局；串联式园路系统，景点、景区呈线性的串联；辐射式园路系统，各个景点围绕中心布置于四周，从中心辐射园路到达其他景点。这几种类型分别适用于不同规模的地块，任何复杂的路网都可以看作是这几种基本模式的组合和相互穿插。

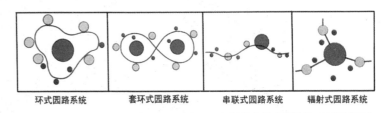

环式园路系统　　套环式园路系统　　串联式园路系统　　辐射式园路系统

图 1-35 园林路网的几种结构（刘路祥绘）

（4）园林结构形式

① 设计要求。

满足功能要求：

因不同性质、不同功能要求的园林都有各自的使用功能和基地条件，不同的功能要求决定设计所包含的不同内容，这些内容有各自的

特点，对基地条件也相应地有不同的要求，所以园林的性质、规模、地形特点等因素在很大程度上影响了园林的结构。因此，园林结构的设计，首先应在合理的功能分区的基础上，考虑环境生态、行为心理、视觉效果、地域文化等要素进行统筹处理，组织游赏路线，创造一系列的构图空间，安排景区、景点，创造意境。

一般大型园林中，常作集锦式的景点布局，或做周边式、角隅式的布局，以形成精美的局部。在一些小型或中型园林中，可以纯粹使用园林空间的构成和组合，满足构图上的要求，也不排除其他构图形式的使用。由于具体条件千变万化，因此，园林空间的组合就要根据具体情况和条件来安排。

满足形式美的要求：

在快题设计中，形式是体现设计能力的载体。园林结构设计的关键是有效地调节、控制点、线、面等结构要素的配置关系，具体表现为对设计中的道路、场地、建筑、水体等各要素进行安排，合理地组织空间，并体现秩序、控制、比例、分割、韵律等美学要求，做到构图简洁均衡，设计具有整体、统一、和谐的美感。

② 园林结构的分类。

规则式：

规则式适合园地面积较小，外形规整且地形平坦的场地，对于游人活动较多或者以突出观赏性为目的的场地适合采用规则式园林结构。规则式又可分为对称规则式和不对称规则式。对称规则式有明显的主轴线，沿主轴线，道路、绿化、建筑小品等呈对称式布局，给人以庄重、规整的感觉，但形式较呆板，不够活泼。

对称规则式适合局部使用，例如，在一些园林的入口区，经常采用对称、平衡的轴线式布局，利用轴线两侧、轴线结点、轴线端点、轴线转点组织路径、广场、尽端等的主题景物，位置明显、效果突出。不对称规则式相对自然一些，无明显的轴线，给人以整齐、明快的感觉（图 1-36），多适用于小型草地，如小游园、组团绿地等。

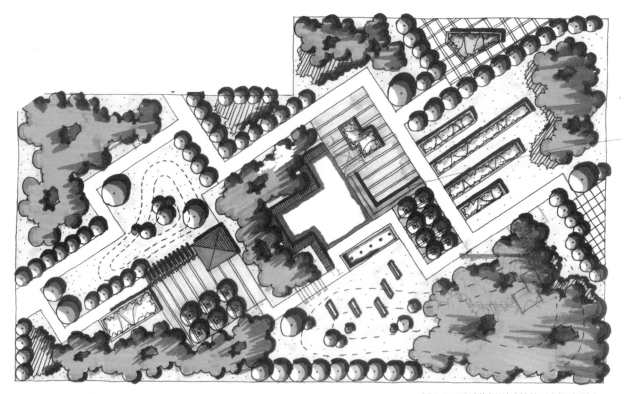

图 1-36 不对称规则式结构（刘曼舒绘）

自然式：

自然式一般适合面积较大、外形不规整、地形起伏大且需要营造安静氛围的场地。它的布局灵活，常常采用曲折迂回的道路，充分利用自然地形，如池塘、坡地、山丘等，给人自由活泼、富有自然气息之感。绿化种植也采用自然式（图1-37），同时利用建筑挖槽挖出的土方进行地形改造，有利于自然景观的构建和土方的就地平衡。

混合式：

在景观快题设计中，单纯的自然式或者规则式是很少存在的，更多的是规则式与自然式的结合，以一种模式为主导，另一种作为辅助。混合式是规则式与自然式的结合，在地形变化、基地面积较大的情况下，适合采用此种结构。混合式既有自然式的灵活，又有规则式的整齐，适用于中型及以上规模的城市绿地（图1-38）。

③ 园林结构的选择。

园林结构形式众多，正所谓"构图有法，法无定式"，即一块绿地具体用何种结构来表现没有固定的形式，要根据具体情况来定。

根据园林性质：

不同性质的园林，必然有相对应的园林形式，园林的形式应力求反映其特性。例如，纪念性园林多采用中轴对称、规则严整和逐步升高的结构。城市公园是休闲娱乐场地，其结构形式要求自然、活泼。

根据现状条件：

进行园林结构设计时，要根据基地的现状条件，利用原有地形、地貌、地物。一般地形、地貌较复杂的绿地，往往不会采用规则式布局。在现状条件中，尊重基地的原有肌理至关重要。例如，基地内原有或周边路网的排列组合方式都应引入到后来的设计中，这样既利用了现状，又体现了地域特色（图1-39）。

图1-37　自然式结构（孙晴晴绘）

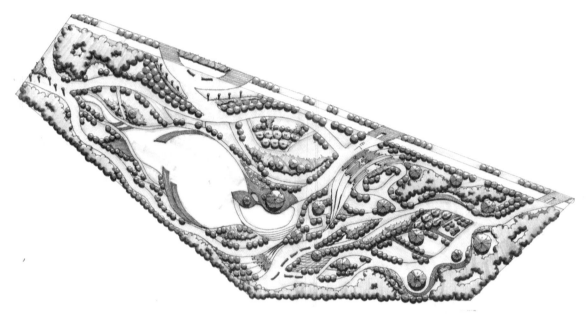

图1-38　混合式结构（孙晴晴绘）

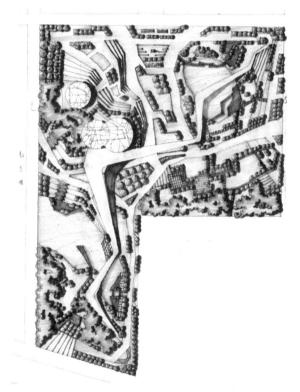

图1-39　根据现状条件选择园林结构（孙晴晴绘）

常见错误

① 园路形式混乱，出现断头路、平行路。

② 路网密度过大，主次不分，尺寸不符合规范。

③ 在表现上，道路不加刻画，没有铺装和颜色。

④ 道路交叉设计不合理，不设计对景。

5. 符合相关规范

景观快题设计中应注重设计规范的积累和应用，本节对景观快题设计中的常用规范总结如下。

（1）公园绿地规范

《城市公园分类》对城市公园下的定义是向公众开放的公园绿地，分为综合公园、社区公园、专类公园和带状公园四大类。综合公园是适合于公众开展各类户外活动和休憩的规模较大的公园绿地，公园绿地率应大于75%。社区公园必须设置儿童游戏设施，特别应照顾老年人的游憩活动需要，公园绿地率应大于60%。专类公园是指具有特定内容或形式，具有相应常规设施的公园绿地，面积不应小于2000 m²，公园绿地率应大于60%。带状公园是指沿城市道路、城墙、水系等设置、有一定游憩设施、公用设施和服务设施的带状绿地。绿

地最窄处应大于 **8 m**,全园面积应大于 **1000 m²**。

（2）乔木

树阵中,常见树冠的大小为 **5 m** 左右,小树为 **3 m** 左右,偶有大型孤植景观树,树冠可以达到 **8~10 m**。一般大乔木的树冠为 **5~6 m**,小乔木的树冠为 **3~4 m**。

（3）花钵、花池、树池、绿篱

花钵直径以 **0.5~0.8 m** 为宜,高度控制在 **0.8~1 m**。花池如果可以充当座椅,其边缘的宽度应在 **0.4~0.8 m**,树池的宽度至少为 **1.5 m**,边缘为至少 **0.1 m** 的道牙。绿篱的宽度一般控制在 **0.3 m** 以上。

（4）喷泉、水池

水池面积一般占用地面积 **1/10~1/5**,喷泉水池的宽度应为喷泉高度的 **2** 倍,水深控制在 **0.3~0.6 m**,常水位距离岸顶以 **0.2~0.4 m** 为宜,儿童戏水池水深通常为 **0.3 m**,有喷水设施时,水面面积宜大于 **100 m²**。

（5）园路

主要园路供大量游人行走,必要时通行车辆;它要接通主要入口处,并贯通全园景区,形成全园的骨架,主要园路一般路面宽度为 **4~7 m**。次要园路是连接景区内各景点的道路,路宽 **2~4 m**,游憩小路是景区内通往各景点的散步、游玩小路,路宽 **1.2~2 m**。

（6）无障碍设计

园路设计的人性化表现在专为老年人、儿童和残疾人所设计的特殊园路。这种园路路面宽度必须大于 **1.2 m**,纵坡倾斜度必须小于 **4%**,且坡长不宜过长。路面一侧有陡坡的需要设置栏杆。

（7）踏步、台阶、栏杆

① 连续踏步级数最好不要超过 **18** 级,18 级以上应在中间设休息平台,平台宽度不小于 **1.2 m**。

② 室外踏步级数超过 **3** 级时,应设扶手。

残障人轮椅使用扶手: H=0.68~0.85 m。

③ 一般台阶的数量最少应 **2~3** 级,若只有一级台阶,而又没有特殊的标记,这一级台阶往往不易被行人发觉,容易发生危险。

④ 一般台阶的踏面宽度 W=0.30~0.35 m,级高 H=0.10~0.16 m。

可坐台阶的踏步: W=0.40~0.60 m, H=0.20~0.35 m。

⑤ 栏杆:低栏杆 H=0.2~0.3 m;中栏杆 H=0.8~0.9 m;高栏杆 H=1.1~1.3 m。

（8）消防通道

消防车道的宽度不应小于 **4m**,消防车道距离高层居民用建筑外墙宜大于 **5 m**,当消防车道上空遇有障碍物,路面与障碍物之间的净空不应小于 **4 m**。尽头式消防车道应设有回车道或回车场,回车场不宜小于 **15 m×15 m**,大型消防车的回车场不宜小于 **18 m×18 m**,消防车道下的管道和暗沟等,应能承受消防车的压力。

五、 快题考试时间分配

以常见的 3 小时景观快题为例:

审题	场地分析	总平面图	鸟瞰图	剖立面	分析图	设计说明	查漏补缺
10分钟	10分钟	65分钟	45分钟	15分钟	15分钟	10分钟	10分钟

这只是一个参考性的时间分配方式,大体上可以这么进行时间上的控制。每位考生在快题的练习中争取能够找到适合自己的快速设计的时间分配表,因为每个人都有自己擅长的方面,有些同学做平面快一点,就可以适当地挤出一部分时间给鸟瞰图;有些同学画鸟瞰图稍微强一点,那么总平面图可能会占用更多的时间。当然如果手绘功底深厚,可以将更多的细节体现在图纸的方方面面,做到尽可能得细致。

第二章　快题设计方案应试方法及常见问题分析

Test Method of Fast Design Schemes and
Analysis of Common Questions

◆任务书的解读及分析
◆方案构思及起步
◆方案生成与构建
◆方案推敲与深化

一、任务书的解读及分析

1. 解读任务书

科学的方案设计源于设计者对场地现实条件的把控。要使设计方案变得科学、合理、可行，首先取决于设计者能否准确地发现问题，并找到解决问题的合理方法。

设计任务书一般以文字和图形的方式为设计者提出明确的设计目标、要求和内容，因此，要全面审题，深入了解所给的设计条件和信息，抓住设计的核心问题。审题时应注意基地地形图，如道路红线、建筑控制线、保留树木、等高线、高压走廊、地下管线等，一定不能漏读。

通常在任务书中，除了明确表达对本设计的要求之外，还会暗示一些要求，以便考察学生的分析和思考能力，因此考生必须认真阅读任务书，尤其是注意基地内的特有因素，比如河道、山体、树木、保留物等。

2. 任务书核心问题与分析

任务书一般包括项目背景、气候条件、人文环境、红线范围、用地面积、基地现状、地形变化等信息，这些都是设计的重要依据。除了了解基地情况以外，还要了解设计目标和设计成果要求，知道自己需要完成哪些内容，以免漏项。

解读任务书后，需要分析周边现状，例如周边道路交通状况、用地性质、建筑风格等。当然也要分析基地内部的现状，了解场地的地形特征、生态环境、文化内涵等，发现场所内固有的规律与特征。同时，找到必须遵守的限制条件。

另外，分析地块直接关系到后面整体构图的问题。一般任务书会对周边道路和用地性质、等级等做出说明。另外，为了增加难度，也会规定一定的限制条件，例如可能会有山体、河流、池塘、历史遗迹、树林等。

其次，分析地块也直接关系到后面整体布局的问题。应从周边的交通状况、建筑性质，分析服务人群的流向、组成等，同时结合构图，为出入口位置的确定、公园的功能布局提供依据。

二、方案构思及起步

1. 方案构思

（1）总平面图构思

总平面图即方案平面构思，首先从概念图（并非指某种特定的制图）开始，是景观设计的初始阶段，对于所要进行的景观设计进行全方位的分析和论证。如在各功能区域的选择、尺度关系等方面进行思考、分析和研究，最终得出结论以便在随后的设计中具体化。概念图是整个景观设计的开始，同时也是一个关键阶段，是一个需要充分考虑和综合场地现状条件及要求，分析研究多方论证的过程。概念图阶段所得到的结果将会对整体景观方案设计产生极大的影响。

方案图是概念图基本确定下来以后，再对功能区域或具体景观的定位、形态、尺度、结构等方面进行合理规划的过程。对设计者来说，这是一段充满苦难和欢乐的时间，也是一段费尽心思挑战不断的时期。其中所面临的问题是具体而繁杂的，这需要设计者长期各方面的知识积累以及发现和解决问题的能力做依托。而在快题应试中，在极短的时间内要完成整套方案的设计，对于考生来说，这需要平时的快题训练。平时的快题训练中要培养对常见问题的分析和解决能力，其次要积累大量的景观方案素材，以备考试中随取随用。

（2）平面形式构思

园林平面形式较多，一块绿地没有固定的平面形式。平面形式一般根据园林性质和基地现状条件两方面而定。在第二章中已有介绍，此处不再详细介绍。对于不规则场地，尤其大型场地要特别注意基地的边缘线形，方案中呈现线形的如：道路、驳岸、林缘线等要注意与基地边缘线形之间的呼应，过渡不能过于生硬。

（3）平面功能构思

因不同性质、不同功能要求的园林都有各自的使用功能和基地条件，不同的功能要求决定设计所包含的不同内容，这些内容有各自的特点，对基地条件也相应地有不同的要求，所以园林的性质、规模、地形特点等因素在很大程度上影响了园林的结构。因此，园林结构的设计，首先应在合理的功能分区的基础上，考虑环境生态、行为心理、视觉效果、地域文化等要素进行统筹处理，组织游赏路线，创造一系列的构图空间，安排景区、景点，创造意境。

一般大型园林中，常作集锦式的景点布局，或做周边式、角隅式的布局，以形成精美的局部。在一些小型或中型园林中，可以纯粹使用园林空间的构成和组合，满足构图上的要求，也不排除其他构图形式的使用。由于具体条件千变万化，因此，园林空间的组合就要根据具体情况和条件来安排。

2. 设计起步

通过总平面图、平面形式及平面功能构思，景观总体方案基本构思完成。着手开始确定景观出入口、主要景观节点、主要景观道路、次要景观节点、次要景观道路（此后分类型景观快题方案设计章节中会有详尽解析）。通过以上步骤的平面呈现，方案整体景观布局、功能分区已经敲定。

三、方案生成与构建

通过草图构思、景观节点和路网布置等步骤，以各节点为中心，以路网为框架的整体景观设计方案已经形成，各景观分区已经明确呈现。景观设计以空间设计为重，在整体景观方案形成后需结合植物、水系或建筑等要素构建景观空间，进一步实现方案的空间设计。园林是对空间的设计而不是对图案和平面的关注，是为人的体验而设计的。因此设计者要具备专业的素养和对人性行为的了解。设计者无须求多求广，可以在反复的练习中掌握一种或两种空间组织方式，并能熟练地应用于各种场地的设计中。

四、方案推敲与深化

1. 方案推敲

一般而言，方案推敲包括检查景观结构的合理性，检查景观功能分区是否满足要求，功能性是否完善，无障碍设计是否到位，各节点位置是否合理，路网密度和各节点间的尺度是否适宜等。无障碍设计需要我们充分考虑场地地形加以完善。一般景观快题设计中需要考生在短暂的时间内完成一套方案，只需做到功能完善，布局合理，无明显规范性失误即可，方案以稳妥为宜。

2. 深化平面设计

经过以上步骤，仅仅勾勒出园林绿地中景点的空间轮廓和道路走向。景观设计中空间设计尤为重要，植物绘制亦非随意涂鸦，需要进行深化设计。

① 道路、广场的铺装设计；

② 节点的细化，添加必要的园林建筑和小品；

③ 画出等高线，营造微地形；

④ 绘制背景树、行道树；

⑤ 绘制前景树，以散植景观树为主，树下绘制小灌木；

⑥ 根据植物的密度、重要程度，绘制树下灌木、地被等；

⑦ 绘制草坪区域。为表现草坪的质感，可以使用不同的笔触、线条、打点、粗细、留白等手法，色彩可以鲜艳一些。

第三章　分类型景观快题方案设计解析

Exposition of Classified-landscape Fast Design Schemes

◆小型场地方案设计
◆中型场地方案设计
◆大型场地方案设计
◆带状型场地方案设计

一、小型场地方案设计

1. 小型绿地快题设计要点

（1）空间特点

小型绿地的面积有限，其空间布局较为简单。有的甚至只有一个主要空间。一般会选址于健身广场、儿童游戏场地或休闲娱乐场地等人流集中的地方，布局在靠近出入口的位置，或置于基地的中心位置，并且周边要设置休息空间与设施。安静空间可布局在较偏僻的地方。

（2）结构特点

小型绿地面积小，如果要发挥多种多样的功能，就不得不提高绿地的利用率，这样，绿地将被园路划分得较细碎，每个功能区的绝对面积较小。当前大部分的绿地都是完全开放式的公共休闲空间，在结构上常常采用规则式和混合式布局，做到结构简洁大方，功能多样。规则式布局中，多依据轴线进行设计；园林空间以几何式构图，园路采用直线形、曲线等几何线条，广场、水池、花坛多采取矩形、正方形、正六边形、圆形等几何形体。

混合式布局是小型绿地设计中较为常用的一种布局方式。一般在地势平坦、功能性较强的空间采用轴线式规则布置；在以游赏、休息为主的区域，结合自然条件进行自然式布置，通过曲折的变化，形成幽静的环境气氛。

（3）园林要素特点

小型绿地可给人们提供环境优美的休息娱乐场所，通常要设计凉亭、花架、雕塑、水景、景墙、花钵、座椅、花池等园林建筑与小品。

由于面积有限，其园林建筑及小品在形式上应力求精美，在位置、尺度、数量、体量上都要仔细推敲。

小型绿地的园路和广场应重视铺装的色彩、构型和材质处理，不能影响绿地的整体格局，也不能同周围环境相抵触。园路中一般主路宽 2～4m，次路宽 1～2m。园林植物配置方式要多样化，采用孤植、列植、散植、片植等，不宜出现大片树林。以散植景观树和小片灌木丛为主，乔木下面的灌木、绿篱、地被应表现出来，不宜出现大草坪。

2. 小型绿地快题设计模式

（1）自然式

自然式园林以模仿再现自然为主，立体造型及园林要素的布置均较自然和自由，相互关系较隐蔽含蓄。不追求堆成的平面布局，这种形式较为适合功能相对简单的组团绿地、小游园、庭院绿地或者屋顶花园。自由的椭圆和曲线非常适合设计自然式绿地（图3-1）。

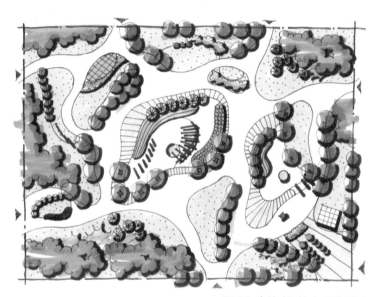

图3-1 自然式绿地（王雪娇绘）

（2）规则式

由于人们对速度和效率的追求，景观更趋向于简洁、干练、个性和富有动感的设计。在小型或一些中型园林中，纯粹使用园林空间的构成和组合，不仅可以满足构图上的要求，也能满足功能上的需求。

规则式园林中，园林要素在构图上呈几何式布局。规则式可分为对称规则式、不对称规则式。面对一块基地时初学者常感到不知如何下手，根据以往经验，通常有以下两种布局方法：一是依环境、功能做轴线式分区和点线状布局；二是依环境、功能做自由式分区和环状布局。

① 轴线式。

轴线式设计是规则式园林常采用的手法。单一灭点式轴线的传统景观如今已被淘汰，形成了多轴线交叉的景观。轴线式布局的特点是以主次轴线明确不同功能的联系和分布，沿轴线伸延方向，利用轴线两侧、轴线结点、轴线端点、轴线转点等组织街道、广场、尽端等主题景物（图 3-2）。一般会根据主入口以及参照周边道路走向来确定主要轴线。轴线跟周边道路平行或垂直，使之符合周边用地的原有肌理。切忌以景观轴线平分画面，轴线走向不要过多，轴线控制在三条之内即可。

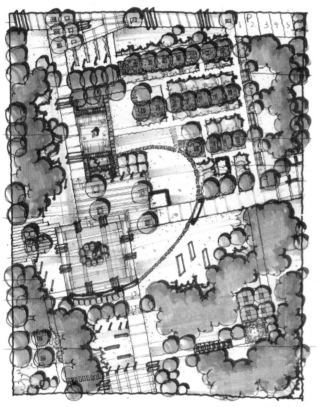

图 3-2　轴线式绿地（张进杰绘）

在空间组合的程序上应有某种连续性的节奏感，不同类型的主体、从属、过渡空间可以组合成富有抑扬顿挫、轻重缓急、活泼轻快的节奏感的空间展示序列。在快题考试有限的时间内，稳健的方案比新奇的方案更能赢得普遍的认可。对于小型绿地，建议引入轴线式设计方法。

② 自由均衡式。

自由均衡式是一种自由组合的形式，不求轴线上严格对称，只要求园林构图的均衡，特点是平稳、韵律感强、自由生动。均衡式在构图的单元上不对称，在园林元素的体量上却大致相等，使园林的整体保持一定的平衡状态，从而达到优美灵活的效果。

③ 网格设计手法。

网格空间的运用是最有效的简单法则，是将建筑空间里常见的网格平面应用于园林的平面布局上，具有简约的形式感。设计中，一般以方格网对地块进行控制性的划分，然后利用树、草坪、水体、石材等景观材料使方格网充满灵气。例如，法国的拉·维莱特公园就将基地用 120 m 的正方形网格进行划分。

园林网格的运用是一种空间艺术，为了避免单调的构图，网格可以被旋转、表型、消解，呈现出立体、层叠、错位的多重变化；适合于当代处在激烈流变中具有多元文化取向的都市空间（图 3-3）。

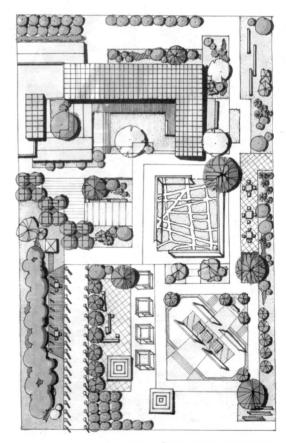

图 3-3　网格式绿地（周文灿绘）

④ 放射网络设计手法。

放射网络是指由主导性集中空间和由此放射的多条线形空间组成的空间结构。集中空间是内向的，放射空间是外延并与周围环境有机结合的。这些由圆形要素所衍生的各种空间形式能给设计师带来不一样的创作思维，适合创建引人注目的景观（图3-4）。

⑤ 自由分割设计手法。

自由分割设计是在形态的造型过程中不设规则，只将形态自由分割、分解与组合的方法。在设计时要特别注意每个形态要素中所出现的方向、长度、大小、形态等特点，在可能的形态范围内力求变化，避开规则，追求高度的自由。注意避免使用太多的直角和平行线，也不要出现锐角，并且应注意形与形之间的主次关系，突出重点（图3-5）。

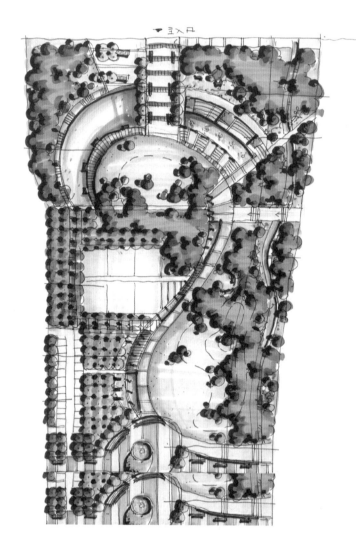

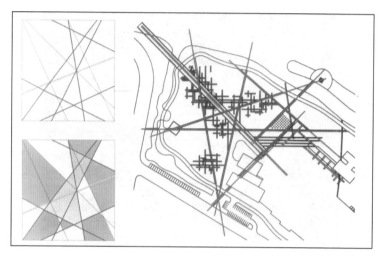

图 3-5 自由分割构成（吴艳格绘）

例如，中山岐江公园彻底抛弃了园无直路、小桥流水和注重园艺及传统的亭台楼阁的传统手法，代之以直线形的便捷步道，遵从两点间距离最近的原则，充分提炼和应用工业化的线条和肌理（图3-6）。

⑥ 综合式设计手法。

在基地面积较大的绿地中，可以结合以上多种规则式的设计手法，营造更加丰富的园林空间（图3-7）。

（3）混合式

混合式指规则式和自然式交错组合的方式，具有开朗、明快、变化丰富的特点。在实际的运用中，混合式园林全园没有或不能形成控制全园的主轴线、中轴线和副轴线，只有局部景区、建筑以中轴对称布局，全园没有明显的自然山水骨架，不能形成自然格局。绝对规则式或绝对自然式的布局都是不多见的，不过是以规则式或自然式为主而已。

混合式手法是园林规划布局的主要手法之一，它的运用同空间环

图 3-4 放射网络式（王心怡绘）

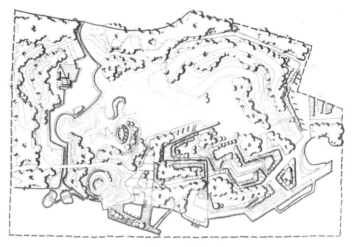

图 3-7　综合式设计（王芳绘）

境、地形及功能性质要求有密切的关系。园林内地势平坦、面积不大、无种植基础、功能性较强的区域常采用规则式布置。

若原有地形起伏不平，丘陵水面较多，树木生长茂密，以游赏、休息为主，则可结合自然条件进行不规则式布置，以形成曲折变化，有利于形成幽静的环境气氛。切记，在不同形式的过渡衔接上要处理得顺理成章（图 3-8）。

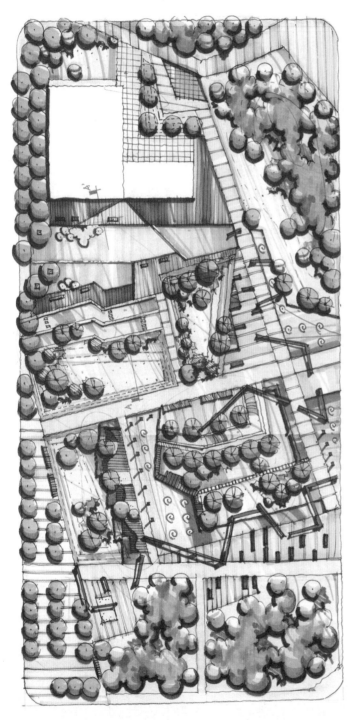

图 3-6　自由分割式设计（刘欢绘）

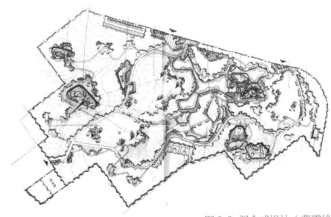

图 3-8　混合式设计（曹霖绘）

3. 小型绿地快题设计步骤

园林快题的设计应按照从整体到局部的顺序。首先满足功能的要求，然后从整体上把握全局，调节各主要景观元素之间的配置关系，最后形成构图主次分明、简洁大方，又有细腻局部节点的设计成果。需要注意的是，设计没有唯一的解决方案，设计过程的每个步骤都面临着若干选择，设计者最忌优柔寡断。

遇到设计思维停滞的时候，要以手带脑，通过笔下的草图与头脑中的意象互相激发，相互推进，让自己的设计过程犹如行云流水一般顺畅。小型绿地快题设计是近年来的常考题型，小型地块讲究功能分区与园路等级，重点考察学生的空间构图能力、植物配置能力以及设计细节的处理能力。

（1）解读任务书

快题考试中设计目标、要求和内容在设计任务书中一般会以文字和图形的形式给出。因此，设计者要全面审题，充分把握任务书的给定信息和设计核心问题，也就是俗称的"题眼"。审题中要充分把握设计任务书给定的信息，如：地形、设计红线、建筑控制线、保留树木、高压走廊、地下管线等。

（2）分析现状

解读设计任务书，要充分掌握设计场地周边环境和场地内部现状两方面。周边环境包括：道路交通、人群特征等；场地内部环境包括：地形特征、生态环境、文化内涵等，发现场所内固有的特征，找到必须遵循的限制条件。

（3）确定出入口

对于绿地来说，良好的可达性是十分重要的。在进行出入口设计时，要充分考虑人流的方向，选择人流量比较大的地方或者居中位置作为主要出入口。对于庭院和屋顶花园来说，其出入口往往事先已经确定，关键是在交通便利的基础上布局景点。

（4）确定主要景点

小型绿地多呈现单核心结构，即整个场地的主要景点可能只有一个。因此，主要景点的布局至关重要。应在考虑现状的基础上，尽可能地按照构图法则布局主要景点，并且应确定主要景点空间形态，有利于下一步空间秩序的组织。

（5）确定主要道路

根据主要景点的形态或者主要轴线的位置来布局主要道路。主要道路的形态一定要与主要景点的构图相呼应，使景观结构有一定的秩序性。稍大绿地的主要道路可以呈自然曲线式，对于较小的绿地，尤其是 0.5 hm² 以下的绿地，主要道路适宜采用直线式。小型绿地主要园路的宽度宜控制在 2 ～ 4 m。

（6）确定次要景点

一般根据景点布局的疏密程度、均衡构图的原则以及对景手法的使用，布局次要景点，常见手法是次要景点与主要景点呈对角线布局。次要景点在尺度、内容的安排上稍逊于主要景点，以达到突出主景的目的。

（7）确定次要道路（图 3-9）

如果小型绿地的面积较大，可以设计次要道路。次要道路的设置要符合路网密度的要求，尽可能地联系次要景点和次要出入口，方便使用者的出入。小型绿地次要园路的宽度宜控制在 1 ～ 2 m。

（8）深化景点（图 3-10）

以上步骤仅仅勾勒出了园林绿地中景点的空间轮廓和道路的走向，下一步应进行细化设计。如道路、广场的铺装设计；节点的细化，添加必要的园林建筑与小品。

（9）绘制植物（图 3-11）

① 画出等高线，营造微地形；

② 绘制背景树、行道树；

③ 绘制前景树，以散植景观树为主，树下绘制小灌木；

④ 根据植物的密度、重要程度，绘制树下灌木、地被等；

⑤ 绘制草坪区域，为表现草坪的质感，可以使用不同的笔触、线条、打点、粗细、留白等手法，色彩可以鲜艳一些。

（10）上色（图 3-12）

上色可以先局部，再整体；也可以先整体，再局部。一般背景树以绿色为主，这决定了图纸的主色调；少量行道树或灌木、地被等，可用彩色表现。

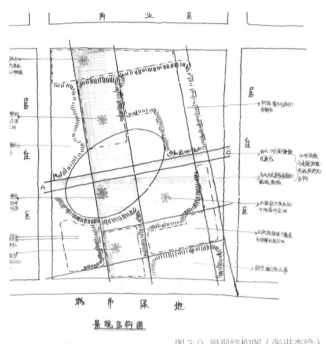

图 3-9　景观结构图（张进杰绘）

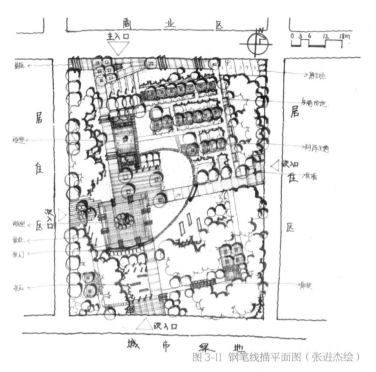

图 3-11　钢笔线描平面图（张进杰绘）

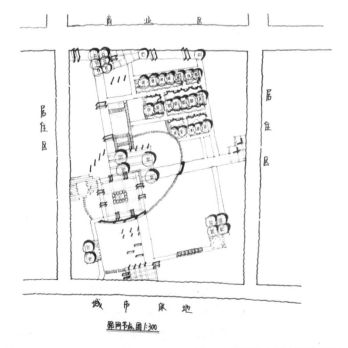

图 3-10　路网节点图（张进杰绘）

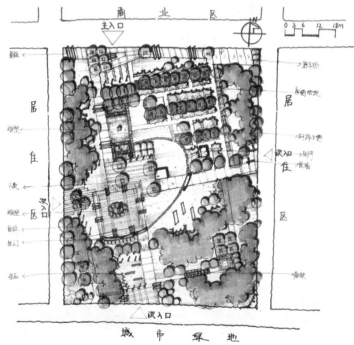

图 3-12　马克笔平面图（张进杰绘）

4. 小型绿地设计常见错误

① 构图混乱，没有统一秩序，功能不合理。

② 硬化场地面积过大，绿化面积太小。

③ 出入口选址不合理、数量不合理。

④ 园林建筑过多，水景太大，景墙过多，给人过犹不及的印象。

⑤ 模纹花坛设计过多。

5. 相关案例列举

作品名称：秘境之旅——心灵的花园（图3-13）

设计者：王向荣

作品位置：新加坡新达城国际会展中心

作品面积：100㎡（10 m×10 m）

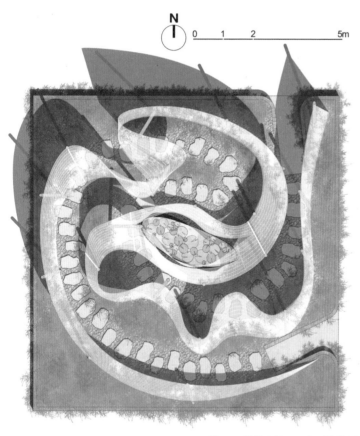

图 3-13 秘境之旅——心灵的花园

设计说明：心灵的花园掩藏在苍翠的竹丛中，白色的帷幕在其中重重叠叠，飞舞缠绕，它的神秘吸引着人们进入其中一探究竟。如烟似云的帷幕在灰色的砾石地面和翠绿的竹丛映衬下显示出超凡脱俗的纯净，迷宫一般的空间引导人们渐渐远离尘世的喧嚣，进入这个梦境般的花园。经历各种曲折，甚至是"山穷水尽疑无路"的困惑后，人们终于来到了花园的中心。在飘荡的白色帷幕的中间是一个平静的水池，池中盛开着美丽的莲花，一尘不染，香远宜人。静静地观望，镜子般的水面倒映着莲花、翠竹和白色的帷幕，仿佛水中还有另外一个世界。莲花开在水中，也开在每个人的心里。它带给人们的心灵一份宁静、一点感动和一些领悟。离开的路依然曲折，但是人们内心已经平静，尘世的烦恼已悄然远去。回眸时，竹丛苍翠欲滴，布帷洁白无瑕，神秘的心灵花园如同晋人笔下的桃花源，消失在一片迷雾中。而人们，会在静静的光阴里想念着心中的那朵花。

二、 中型场地方案设计

1. 中型绿地快题设计要点

（1）空间设计

根据《公园设计规范》（CJJ 48—92），居住区公园必须设置儿童游玩设施，同时应照顾老人的游憩需要。而城市公园也是为附近居民提供休闲游乐的场所，可见二者功能类似。在进行空间布局之前，应综合考虑周边环境、路网结构、公建与住宅布局、群体组合、绿地系统及空间环境等的内在联系，采用集中与分散，重点与一般，点、线、面相结合的设计手法进行布局。

总体布局要具有明确的功能分区和清晰的游览路线，内容比较丰富，设施比较齐全，同时有一定的地形地貌、小型水体以及优美自然的绿化景观。其中，游园中的活动场地和绿化的比例要适当，活动场地面积应占总面积的25% ～ 40%。

（2）结构设计

由于面积较大，功能多样，因此中型绿地的节点、路网较为复杂，其中平面布局形式表现为以集合图形的圆形、方形为基础图形，以各种线条连接节点并划分景区，通过均衡、疏密有序、集中与分散相结合等设计手法，构成层次丰富、合理有序的现代园林结构。

中型绿地的布局形式不宜采用单纯的规则式或自然式，大多采用混合式。采用混合式时，可根据地形或功能上的特点，既有自然式的灵活，又有规则式的整齐，既能与四周建筑广场相协调，又有兼顾自然景观的艺术效果。

（3）交通组织

不论是居住区公园还是城市小型公园，都是完全开放的，为了方便使用，出入口位置的选择和数量的确定都非常重要。要结合园内功能分区和地形条件，在不同方向设置出入口，且要避开交通量大的地方。

中型绿地的园林复杂，园路布局应主次分明、导游明显，以利平面构图和组织游览。一般主路宽3～4m，次路宽2～3m。基地的地形地貌往往决定了园路系统的形式。例如有山有水的绿地，其主要活动设施往往沿湖和环山布置，主要园路多为环状。方格状路网会使园路显得过分长直、景观单调，设计中应予避免。

一般园路线形多自由流畅，这不仅是地形的要求，也是功能和艺术的要求。自由的线形，使园路在平面上有曲折，竖向上有起伏。曲折的园路亦可扩大景观空间，使空间层次丰富，形成时开时闭，或敞或聚，曲折多变的景观空间。当然，设计中也必须防止矫揉造作，过分的迂回曲折会使人感到杂乱、琐碎，易迷失方向。

（4）园林建筑与小品

园林建筑具有使用和造景的双重功能，在空间构图上占有举足轻重的地位。常见的园林建筑有亭、廊、花架等类型，它们的位置、类型、数量和体量的设计，应根据绿地的面积大小和功能需要来决定。受比例限制，园林小品在平面图上很难表达详细，但是可作为点和线的要素，并且适合成组设置，用来丰富平面布局。

（5）绿化种植

中型绿地应注重通过园林植物来造景。植物的种植方式多采用自然式，以自然的树丛、树群、树带来划分和组织园林空间。在进行植物配置时，要特别注重植物层次的搭配。利用乔木、灌木、地被混合配置2～3个层次，形成优美自然的绿化景观和优良的生态环境。

2. 中型绿地快题设计模式

在园林总体布局中，功能分区是首先要解决的技术问题。在合理功能分区的基础上组织游赏路线，创造系列构图空间，安排景区、景点，创造意境情景，是园林布局的核心内容。

由于园林路网是园林内部各要素内在相互联系而形成的组合形态，因此，只有做好路网总体形态的布置、等级配置、排列组合、衔接处理等，才能充分发挥公园园路系统的整体功能，满足游人日益增长的使用需求。在一块大面积或环境复杂的空间内设计园林时，常采用的方法是依环境、功能做自由式分区和环状布局。

中型绿地规模不算大，一般整个公园设计一条环路就已经具有良好的连接性和服务功能了。依据环路在公园中的位置，可以将中型绿地的设计手法分为外环式、中环式、水景式。需要注意的是，环路的线形不一定都选择自由曲线，也可以是曲直结合或者折线等，只要是闭合的环线均可。

（1）外环式

外环式的主要特征是环形园路布局在整个基地中心靠外的位置，而主要景点布局在环路的内侧。这种形式的布局，环路没有起到直接联系景点的作用，而是连接了通往景点的出入口。

入园以后，外环式园林会出现三路并进的形式，在距离出入口较近的位置，两侧分别展开形成环形路，中间的道路则以出入口为轴线，通过景观序列，将景点深入到绿地核心。此种布局将景点集中在公园核心位置，方便游客集中游览。

为了有效组织环路内部的景观，一般采用两种方法：一是通过次级园路组织，在环路的内部布局树枝状或网状的次要园路，形成捷径，联系各个景点（图3-14）；二是通过在环路内部的水景组织主要景点（图3-15）。

对于有水景的基地来说，利用水景组织景点是常见的布局模式。由于水景往往是公园的核心，因此在设计之初，要慎重考虑水体的位置、大小、对全园节奏的影响。尽可能在原有水系的基础上进行改造和开挖，创造与原有环境相符的生态水系，并保证主要湖面的面积和景观。

集中的水体适宜采用相互曲折的不规则岸线形式，并用岛、矶、滩、桥、堤等来刻画典型的湖泊风光。分散水体，如溪、涧等，可以模拟自然界中的溪、涧、池等水景，把水面分割成若干相互连通的小水域，创造不同情调的水空间，强调水系的自然多变。

（2）中环式

中环式的特点是主要园路位于基地较为靠中心的位置，主要景点根据各自的特点布局在环路内外两侧。例如人流量集中场地放在内侧、

图 3-14　通过次级园路组织的外环式（周海涛绘）

基地中心位置，一些适合游客的游览项目可以布局在环路外围。

此种布局的主要环路距离出入口较远，公园出入口纵向深入公园内部，然后两翼分展，形成环路；而次要园路则较为简单，可以根据景点分散设置。中环式布局将景点分散设置，适合游客有选择性地游览（图 3-16）。

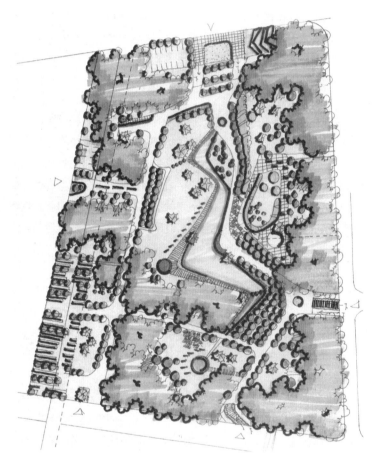

图 3-16　中环式设计手法（陈露绘）

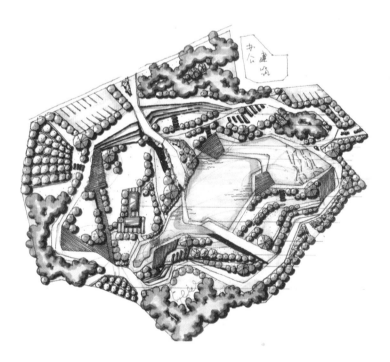

图 3-15　通过内部水景组织的外环式（孙晴晴绘）

3. 中型绿地快题设计步骤

（1）解读任务书

一个科学、合理的构思设计过程往往始于对场地的调研和分析。设计的创造性必须基于场地现实条件的基础，而不是任由设计师天马行空地想象，一味地追求与众不同。

应充分把控设计任务书给定的项目背景、气候条件、人文环境、红线范围、用地面积、基地地形、地形变化等信息。设计者还要充分把握一套快题的设计目标和设计成果要求，避免漏项。

（2）分析地块环境

分析地块，直接关系到后面整体构图的问题。一般任务书会对周边道路和用地性质、等级等做出说明。另外，为了增加难度，也会规定一定的限制条件，例如可能会有山体、河流、池塘、历史遗迹、树林等。

（3）选择公园出入口

入口的位置直接决定了园路的位置，因此入口对景观结构起着至关重要的作用。一般在城市的主干道上布置主入口，次干道上布置次入口。次入口原则上每边一个，但是也要考虑绿地单边长度。开放式的绿地入口之间的距离超过 300 m，可以适当增加入口数量。

（4）划分功能区

结合出入口，设计师对各方面的环境及内容进行全面的分析，按照一定的逻辑内容对园林进行功能分区，合理安排各类活动场地和区域。

（5）确定一级景点位置

中型公园在景点布局上一般呈多核心结构，一般联系出入口的景点都是一级景点。以公园主次入口为轴线，向公园内部深入，在轴线尽端设计一级景点。一级景点常设计为大型休闲娱乐广场，且在平面布局上往往是构图的重心。面积控制在基地面积的 **10%～20%**，场地越小，则一级景点所占的比重越大。

（6）布局一级园路

一级园路是公园的骨架，居住区公园和小型城市公园一般选择自然曲线式环形路。一级园路串联着主要景点，往往位于公园核心区外围，当然不宜与外围道路平行或者距离较近。在形式上，一级园路一般采用自由曲线式，看起来圆滑、有弹性；也可以曲直结合；直线或折线的园路可以在面积较小或者地势平坦的绿地中使用。

（7）确定二级节点

二级节点的布局和形态也是非常重要的，其数量和布局要根据画面构图和现状而定。一般，当一级节点之间的间距过长，或者一级园路过长时，可以设置二级节点。二级节点常以广场的形式为主，规模小于一级节点。

（8）确定二级园路（图 3-17）

二级园路是一级园路的补充，在一些功能较为复杂的区域，可以设置二级园路。二级园路往往不采用环形，其主要作用是更加便利地联系景点，形式可以多样，例如树枝状、条带状、方格网状等。

（9）各节点深化（图 3-18）

确定好园路和节点以后，应深化节点设计。主要节点需要更加细致的表现，深化设计时尤其要注意控制图纸绘制的深度和比例关系。

（10）绘制植物，上色（图 3-19、图 3-20）

① 主干道和主要轴线通过种植道路来强化。行道树以绿色为主，彩色不适用。

② 广场或道路上适当布局树阵，以绿色为主，少量出现彩色树阵。

③ 靠近景点的位置以散植景观树为主，可以出现彩色景观树。

④ 大量的植被覆盖区域以大片深色树林为主，这决定了图纸的主色调。

⑤ 树下增加一层灌木林或者小乔木林，以彩色树为主。

⑥ 为区别于树林，草坪区域往往采用浅绿色或灰绿色。草坪可以平涂，也可以适当留白。

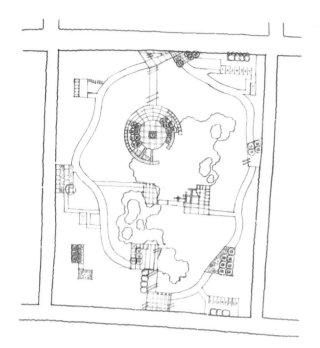

图 3-17 景观结构图（张进杰绘）

图 3-18 节点深化图（张进杰绘）

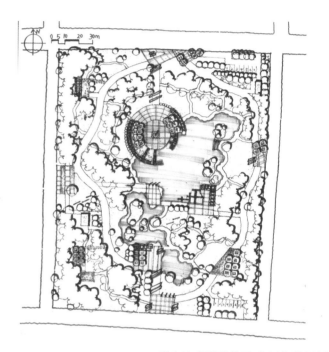

图 3-19 钢笔线描平面图（张进杰绘）

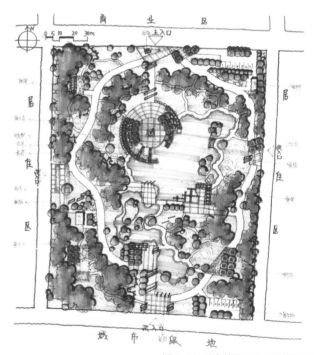

图 3-20 马克笔平面图（张进杰绘）

4. 中型绿地设计常见错误

① 功能分区不合理，活动区没有结合出入口设计。

② 水景面积太大，且水面进一步划分不合理。

③ 采用规则式构图，缺少自然绿化，设计图案化。

④ 次级园林布局随意，杂乱无章。

5. 相关案例列举

作品名称：中山岐江公园（图 3-21）

设计者：俞孔坚

作品位置：广东中山市粤中造船厂旧址

作品面积：11 hm²

设计说明：岐江公园位于广东省中山市区中心地带，东临石岐河（岐江），西与中山路毗邻，南依中山大桥，北邻富华酒店，东北方向不远处是孙文西路文化旅游步行街和中山公园，再往北一点就是逸仙湖公园。岐江公园总体规划面积 11 hm²，其中水面 3.6 hm²，建筑 3000 m²。岐江公园合理地保留了原场地上最具代表性的植物、建筑物和生产工具，运用现代设计手法对它们进行了艺术处理，营造了一片有故事的场地，将船坞、骨骼水塔、铁轨、机器、龙门吊等原场地上的标志性物体串联起来，记录了船厂曾经的辉煌和火红的记忆，形成了一个完整的故事。

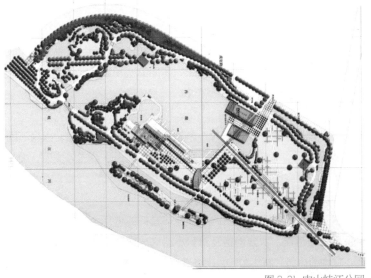

图 3-21 中山岐江公园

三、大型场地方案设计

1. 大型绿地快题设计要点

（1）空间设计

综合性公园是为人们提供休闲游憩服务的，不同的休闲娱乐依赖于不同形式的活动空间。根据活动人群、活动性质的不同，往往将公园分为文化娱乐区、儿童活动区、老人活动区、体育活动区、观赏游览区、安静休息区、园务管理区等。

其中，文化娱乐区常设于公园的中部，是公园布局的构图中心。儿童活动区在综合性公园中是一个相对独立的区域，一般布置在公园的主入口附近。老人活动区应设置在观赏游览区或安静休息区附近，并设置一些适合老人活动的设施。体育活动区的主要功能是供广大青少年开展各项体育活动，具有游人多、集散时间短、对其他各项活动干扰大等特点；布局上要尽量靠近主要干道，或专门设置出入口，因地制宜地设立各种活动场地。观赏游览区占地面积大，为了达到观赏游览的效果，要求该区游人分布密度小。安静休息区可根据地形分散设置，选择有大片风景林地、地形较为复杂和自然景观丰富的区域。园务管理区是为公园管理的需要而设置的，要设立专用出入口。

对面积较大的公园进行功能分区主要是为了使各类活动顺利开展，互不干扰，尽可能按照自然环境和动静特点布置分区。当公园面积较小时，明确分区往往会有困难，故常将各种不同性质的活动内容整合安排，有些项目可以作适当压缩或将一种活动的规模、设施减少，合并到功能相近的区域内。

（2）结构设计

景观结构对整个画面的设计起到关键的作用，好的景观结构有助于整体的控制，不合理的景观结构在快题考试中不可能拿到高分。综合性公园景观结构的设计是在入口、道路、水系、节点四个要素之间进行调整的过程，彼此间有着密切的联系。

大型绿地的园林结构表现为一个多层次的点线面网络结构。其功能复杂，内容多样，道路与景点层次多，游赏内容和景区空间丰富变换。由于地形、水体、土壤气候较为复杂，且功能多样，因此，公园规划往往很难做到绝对规则式和绝对自然式布局，混合式布局成为经常采用的布局方式。

混合式布局根据基地原有地形和各个空间不同的特点来设计成规则式或自然式，在面积较大时，可以分割成几个空间，空间过渡自然，主次配合，总体格局协调。例如，活动广场、公园入口等多以规则式为主，而观赏游览区、安静休息区多结合丘陵、水面和自然树木等以自然式为主。

（3）交通组织

区域性公园往往靠近城市道路，交通状况较为复杂。公园出入口位置的安排直接影响到公园内部的规划结构、功能分区和活动设施的布置，应根据城市规划和公园内部布局的要求，确定游人主、次和专用出入口的位置。

在公园出入口处，需要设置内外集散广场、停车场等，也可以根据景观的需求设置一些园林小品，如花坛、喷泉、雕塑等，切记要与公园布局和大门环境协调一致。现有公园出入口广场的大小差别较大，最小长宽不能小于 12 m × 6 m，最大长宽不能大于 50 m × 30 m，（30 ~ 40）m ×（10 ~ 20）m 的较多，广场大小取决于游人量，或因绿地艺术构图的需要而定。

进行公园园路系统设计时，应根据公园的规模、各分区的活动内容、游人容量和管理需要，确定园路的路线、分类分级和园桥、铺装场地的设置和特色要求。全园道路不求绝对平衡，但是要使公园各处方便到达。园路中，主路一般宽 6 ~ 7 m，次路宽 3 ~ 4 m，游憩小路 2 ~ 3 m。其中，主干道适宜设计为四通八达的环形路。在形式上，园路多以弯曲、迂回、多边的形式出现，使得路网能够按照设计意图、路线和角度等把游人引到各景区的最佳观赏位置。停车场的停车方式，根据地形条件以占地面积小、疏散方便、保证安全为原则，主要停车方式有平行式、斜列式、垂直式三种。机动车停车场用地面积按照当量小汽车位数计算，停车场每个停车位用地面积为 25 ~ 30 m²，停车位尺寸以 2.5 m×5.0 m 划分。机动车停车位指标大于 50 个时，出入口不得少于 2 个；大于 500 个时，出入口不得少于 3 个。出入口之间的净距需大于 10 m，出入口宽度不得小于 7m。机动车停车场内的主要通道宽度不得小于 6 m。

（4）园林建筑与小品

在城市公园中，园林建筑与小品种类繁多，除了常见的游憩性建筑（如亭、廊、花架、榭、舫、园桥等）外，还会增加服务型建筑（如茶室、小卖部、餐厅等），还有文化娱乐类建筑（如游船码头、露天剧场、展览馆、体育场所等）。园林小品有园灯、园椅、园门、景墙、栏杆等。

园林建筑与小品位置的选择非常重要，应根据公园的主题以及立意、功能需要、造景需要等适当灵活布置，并合理确定各类建筑物的造型、高度和空间关系，做到与地形、地貌、山石、水体、植物等其他造园要素统一协调，不仅起造景作用，也可以方便游人使用。

（5）绿化种植

公园绿化种植布局要根据当地的自然地理条件，城市特点，乔、灌、草结合，形成四季有景、层次分明的生态效果及良好的植物景观。公园各部分绿地的位置和功能直接影响其绿化种植形式。

在公园出入口，绿化应综合轴线做规则式布局，以景观树和花池结合铺装、水景、雕塑等设计，使色彩丰富，突出入口的特色。公园主要干道的绿化可选用高大、浓荫的行道树，小路的绿化更要丰富多彩，以达到步移景异的目的。

公园广场一般都是活动场地，应在其四周设计花坛、树阵、绿篱等，可与座椅、坐凳相结合，为人们提供休息设施。

大草坪是公园常见的绿地形式，草坪多结合自然地形，因势而作，边缘常配以自然式栽植的观赏树木。

2. 大型绿地快题设计模式

城市公园路网结构的形成是公园地形特点、空间布局特色、游人容量、自然历史条件、公园功能特点等多种因素共同作用的结果。对于大型绿地来说，如何通过路网来连接景点，划分景区，对构成园林的各种要素进行综合安排，并且确定它们的位置和相互关系是非常关键的内容。大型绿地常见的路网组织有简单式和套环式两种，分别适应不同特征的场地。

（1）简单式（图3-22）

简单式就是整个公园只有一条主环路和若干次级园路。根据不同的现状特征，简单式可以分为外环式、中环式、水景式等类型，设计手法类似中型绿地。

（2）套环式（图3-23）

套环式就是有几条观赏路线形成环套环或者环中有环的格局，其特征是主要道路、次要道路及游憩小路构成环环相套、互通互联的关系，其中很少有"断头路"，可以满足游人游赏中不走回头路的要求。

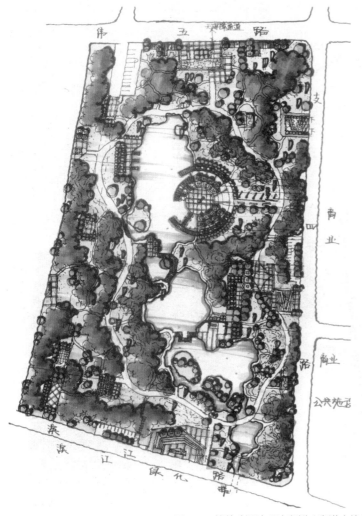

图 3-22 简单式设计手法案例（张进杰绘）

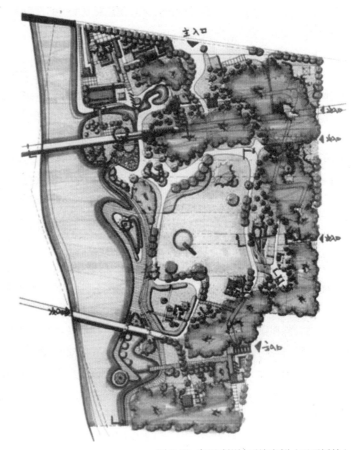

图 3-23 套环式设计手法案例（王雪娇绘）

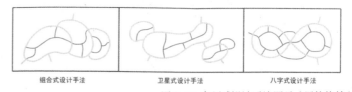

图 3-24 套环式设计手法图示（吴艳格绘）

套环式道路系统最能适应公园环境及游人需要，故应用最广泛，多适用于面积较大、游人较多的环境空间。套环式又可以分为组合式、卫星式、八字式等。其中组合式园路系统适用于用地平面较为规则，呈近似矩形的场地；卫星式园路系统适用于用地平面不规则或地形多变，除主体用地外还有附属用地的场地；八字式园路系统多适用于用地呈哑铃形或"L"形的场地（**图 3-24**）。

3. 大型绿地快题设计步骤

（1）解读任务书

要使设计方案变得合理可行，首先取决于设计者能否准确地发现问题，并提出解决问题的合理方法。通常在任务书中，处理明确表达对本设计的要求之外，还会暗示一些要求，以便考察学生的分析和思考能力，因此考生必须认真阅读任务书，尤其是注意基地内的特有因素，比如河道、山体、树木、保留物等。

（2）分析地块环境

地块分析直接影响到快题的整体构图。快题的整体构图会影响出入口位置的选择和确定，也会为公园的功能布局提供依据。分析地块环境应从周边的交通、建筑性质、服务人群的流向和组成等条件出发。

（3）选择绿地出入口

公园出入口的设计非常重要，它是设计成功的开始。大型公园的出入口一般数量较多，布局时要考虑分布的均衡稳定，提高公园的可达性。公园入口常采用广场形式，面积大小和具体形式根据入口的等级和性质来确定。每个出入口在面积、形式等方面要各具特色，不要雷同。

（4）划分功能区

结合出入口，设计师通过对各方面的环境及内容进行全面的分析，再按照一定的逻辑方式对园林功能分区，合理安排各类活动场地和区域。

（5）确定轴线及一级景点位置

大型公园在景点布局上一般呈多核心结构。一般联系出入口的景点都是一级景点。依公园主次入口为轴线，向公园内部深入，在轴线尽端设计一级景点。一级景点常设计为大型休闲娱乐广场，在平面布局上也往往是构图的重心。面积控制在基地面积的 **10% ~ 20%**。

（6）布局一级园路

对于面积在 5 hm² 以上的公园，可采用简单的曲线式环形路，也可以采用套环式一级路网。路网的具体形态应结合基地现状条件，大型公园的现状往往比较复杂，如何处理好各种园林要素是大型公园的核心设计内容。

（7）确定二级节点

确定二级节点的数量和布局要根据画面构图和现状而定。二级节点是一级节点的有力补充，为人们提供小型的活动场地，起到临时的过渡作用。

（8）确定二级园路（图 **3-25**）

一般二级园路的形式上更为曲折，往往选择在构图较为空旷的地方。

（9）各节点深化

确定好园路和节点以后，应深化节点设计。主要节点需要更为细致的表现，深化设计尤其要注意控制图纸绘制的深度和比例关系。

（10）绘制植物，上色（图 **3-26**）

图 3-25　景观结构图（刘永政绘）

图 3-26　总平面图（刘永政绘）

4. 大型绿地设计常见错误

① 水系组织的不合理，未沿着道路或者主要景点设置。

② 二级景点和二级园路不明确，缺少设计深度。

③ 环形路与出入口衔接不合理，环形路线形不流畅，曲折度不够，不够富有弹性。

④ 景点与环形路位置关系不对，造成主园路穿越景点，行程受干扰。

5. 相关案例列举

作品名称：郑州雕塑公园（图 3-27）

设计者：王向荣

作品位置：河南省郑州市

设计说明：郑州雕塑公园位于西三环以西、化工路以北，占地面积约 374 667 m²。雕塑公园与西流湖公园、整治后的贾鲁河一起成为郑州城西的休闲绿带及生态廊道。郑州雕塑公园的雕塑艺术馆，设计外观形状为"磬"形，建筑本身就是一个大型雕塑作品。雕塑艺术馆位于郑州雕塑公园西南部，占地面积为 45 333 m²。全园曲折的路径和水系蜿蜒呼应，结合地形山体，形成错落有致、疏密得宜、处处流水的宜人景观。

图 3-27 郑州雕塑公园

四、带状型场地方案设计

1. 带状绿地特点

带状绿地是指沿城市道路、城墙、水系等有一定游憩设施的狭长形绿地。

宽度是带状公园设计的基本指标，一般在 8 m 以上，最窄处应能满足游人通行、绿化种植带延续一级小型休息设施布置的要求。

从类型上分，带状公园有滨水带状公园、路侧带状公园、环城带状公园等。与其他公园相比，城市带状公园开放性更强，不但对周边城市居民和游客免费开放，而且其内部与周边内部空间结合得更加紧密，公园景观资源对外开放并与城市景观相融合，大大改善了建筑与建筑之间、道路与道路之间的环境，形成多元化的城市空间。

2. 带状绿地快题设计要点

（1）空间特点

城市带状公园是绿地系统分类中唯一以形状带来分类的绿地，是面向大众开放的公共空间。根据规范，带状公园应具有隔离、装饰街道和供短暂休憩的作用。

在优美的环境中开辟满足各种活动需要的空间，是带状公园规划设计的重要环节。功能空间的设置要根据临近的城市居民的需求来进行各种功能布置，设置各类活动场地，活动类型要做到多样化。步行是人们游览带状公园的主要方式，因此，考虑人们步行的承受力，将带状公园进行分段，并结合该段紧邻城市腹地进行功能活动、景观空间等的布置是较为合理的方式。

（2）结构设计

带状公园是一种线形空间，多朝向引导性强的长轴方向发展，而很难像一般的块状公园那样组织成网格状的空间格局。在公园长轴方向，应依据周边环境变化、空间主题、步行距离或空间性质进行划分。参照步行距离，一般可以 300 ~ 500 m 为模数进行标准段划分。城市带状公园的短轴比较单薄，使公园在短轴方向上缺乏层次感和深远感。短轴方向上空间组织的主要任务就是在有限的宽度内尽可能增加空间层次性，促使空间之间的交流和互动。

由于受宽度的限制，带状公园所有的节点空间均是沿纵向展开的，从整体上看呈有序的链状结构排列。为了丰富带状公园的空间节奏和序列，可以通过对景观节点层次等级的划分，形成有主有次、突出主题的景观空间。景观节点的选择并不是随意的，它在公园中的设置必须具有逻辑性和科学性。重要的景观节点应该与相邻城市有密切的关系，是城市交通与公园相接的重要位置，同时也是城市视线通廊的对景点。一般情况下，一级节点的空间转换空间为 100 ~ 200 m，中间穿插不同规模的小空间。

（3）交通组织

合理的园路组织是城市带状公园景观设计的基本框架，带状公园具有相当的长度。横向空间单薄，而其主要服务使用对象为在周边区域内居住生活的市民，他们游览公园的方式以步行为主，因此人们不可能像在集中式的块状公园中那样具有多种活动选择路径。

由于带状公园的开放性，在人流量较大的地方要设置出入口，也可每隔 100 m 设置次要入口，方便市民出入。带状公园的园路系统比一般公园园路系统要简单得多，由于其狭长的公园形态，单条园路或双条园路基本上占据了带状公园宽度的相当一部分面积。

一般情况下，20 m 的宽度是一个让人感到亲切的尺度，当带状公园宽度小于 20 m 时，宜设计一条园路，园路位于中间或偏向一侧；宽度在 20 m 以上时，宜设置两条或两条以上的园路；宽度在 50 m 以上时，可采用自然式布局布置成小游园形式。

（4）园林建筑与小品

带状公园为人们提供交流、活动和休憩的场所，因此，必须具备一定的园林建筑与小品，例如亭子、花架、景墙，尤其是座椅、坐凳等休闲设施。

（5）绿化种植

在带状公园中，绿化种植要满足生动和谐的连续性、统一性和一致性，在有序中包含局部的变化。可以按照各个空间段落的不同位置及使用功能的差异，在植物造景方面有所侧重，广场以树阵、花池、色彩丰富的绿篱为主。大面积的平缓地段，可以大面积的缀花草坪为主，配以树丛、树群与孤植树等，强调道路侧向的通透与平远感（图3-28）。

3. 带状绿地快题设计模式

（1）简单式

当带状公园宽度小于 20 m 时，游览路线的组织较为简单明确。建议设计一条位于中间或偏向一侧的园路。由于宽度太窄，公园内部

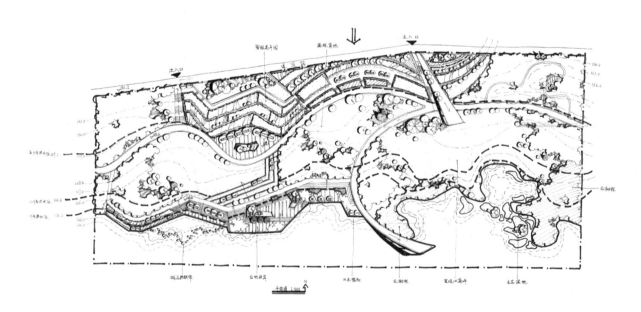

图 3-28 带状公园平面图（曹霖绘）

园路基本不考虑循环路网，多以适当角度和弧度的"折""弯"寻求线形变化，景点的布局多呈串联式（图3-29）。

（2）条带式

宽度在 20 ~ 50 m 之间的带状绿地，适宜设置两条游步道，以一条园路为主。由于宽度有限，因此景点规模较小，且景点的组织往往沿着游览线路展开。主路和小路相互之间可以局部闭合成环路，尽量保证游人不走回头路。对于滨水带状公园，尤其要注意的是应设置滨水步道、亲水平台等（图3-30）。

（3）游园式

宽度在 50 m 以上的带状公园，相当于"拉长"的块状公园，主要园路可以采用沿着公园长轴方向的套环式布局，由于宽度足够，往往会出现规模较大的景点。在布局景点时，应注意景点的等级与密度以及与路网的关系（图3-31）。

4. 带状绿地设计常见错误

① 出入口设置不合理，与周边道路的衔接不好。

② 路网过密或园路距离城市道路太近。

③ 景点布局在一条线上，缺少变化。

5. 相关案例列举

作品名称：沈阳浑河北滩地公园（图3-32）

设计单位：广州市城泰环境设计有限公司

作品位置：辽宁省沈阳市

设计说明：浑河是流经沈阳市的最大的一条河流，其中流经沈阳规划区段为 57 km，规划水面平均宽度为 400 m，水面两侧为绿化带，公园规划面积约 14 km²。本案以"欢乐水滨，纯净自然"为规划设计的主要目标；定位是：以生态景观为主的综合性城市森林公园，以郊野风情和健康旅游作为吸引游客的主要特色。

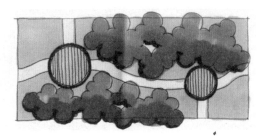

图 3-29 简单式带状公园布局 1：200

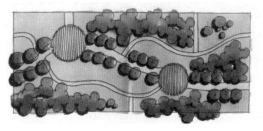

图 3-30 条带式带状公园布局 1：300

图 3-31 游园式带状公园布局 1：500

（李素雅绘）

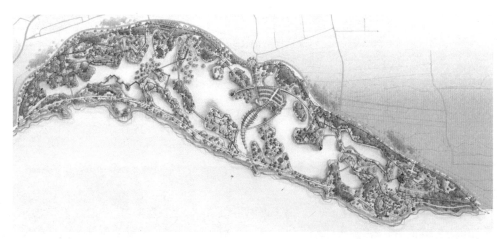

图 3-32 沈阳浑河北滩地公园

第四章　真题作品解析

Interpretation of Representative Works

案例一　校园纪念小广场设计

江南某高校为纪念风景园林学院独立设置，拟在校园内建一座纪念小广场，其场地地势平坦（场地形状及边界范围如下图所示），用地红线面积为 5775 m²，具体设计要求、设计内容及时间安排如下。

1. 设计要求

① 在小广场内设置一个纪念亭，纪念亭可独立设置，也可成组设置。

② 纪念亭造型要简洁，面积可自定。

③ 设置一面景墙，以记载学院大事及相关名人。

④ 充分利用原有地形，合理安排纪念亭、纪念景墙及小广场空间，需要考虑学习、交流及娱乐等活动需求。

⑤ 以展现风景园林专业文化为主题，对纪念亭、纪念景墙及小广场进行整体环境设计。

2. 设计内容

① 总体规划图 1：300，1 幅。

② 总体绿化种植图 1：300，1 幅。

③ 景点或局部效果图 2 幅，植物配置效果图 1 幅（每幅效果图不得小于 18 cm×18 cm 或 13 cm × 18 cm）。

④ 剖面图 1：300，1 幅。

⑤ 400 字规划设计文字说明。

3. 图纸及表现要求

① 图纸规格为 A2（594 cm×420 cm）

② 图纸用纸自定（透明纸无效），张数不限。

③ 表现手法不限，用工具或徒手均可。

4. 考试时间

设计时间为 3 小时。

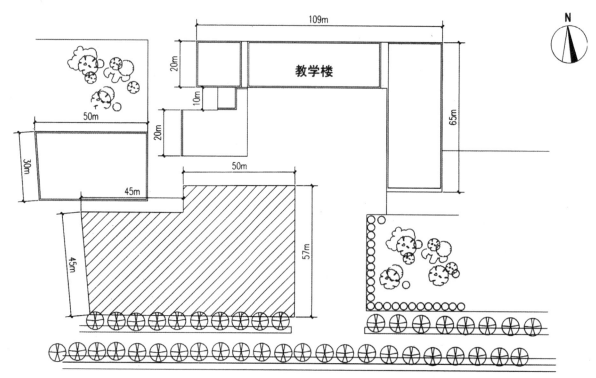

校园纪念小广场

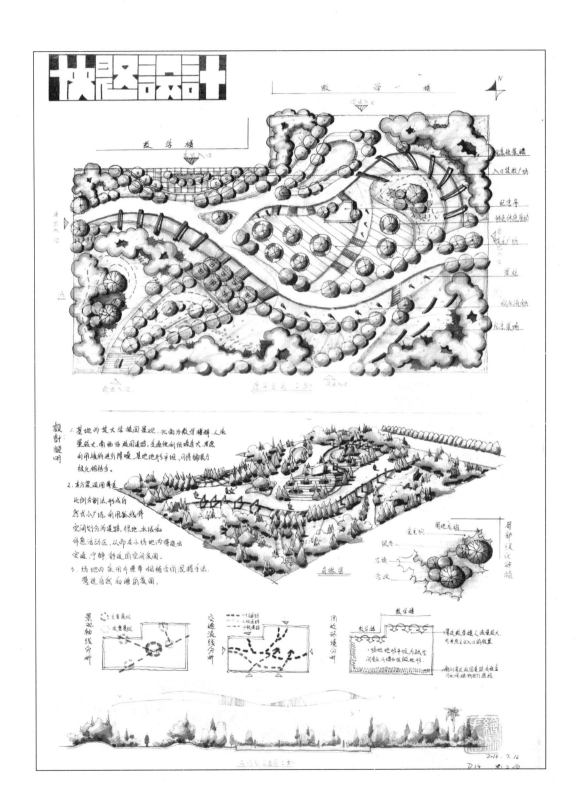

图纸信息

作者：刘子瑜

表现方法：钢笔 + 马克笔

比例：1：300

时间：3 小时

作品评析

优点：方案采用自然式布局，流线形设计，线形流畅，画风整洁，出入口设置合理，种植形式多样。

缺点：景墙和景亭形式单调，缺乏变化；缺少私密性空间，主入口景观略显单调。

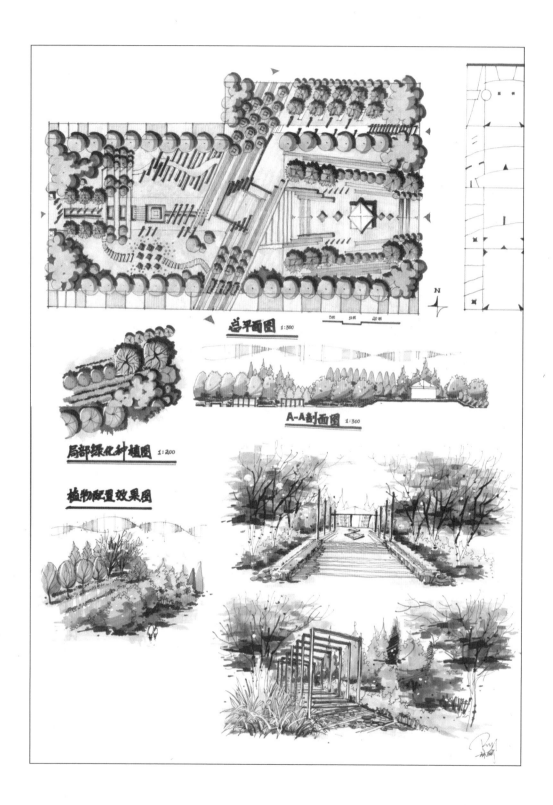

总平面图 1:300

局部绿化种植图 1:200

A-A剖面图 1:300

植物配置效果图

图纸信息

作者：林瑜

表现方法：钢笔＋马克笔

比例：1：300

时间：3小时

作品评析

优点：方案布局均衡，景观轴线明确；通过丰富的铺装形式，区分不同的景观空间；植物种植结合铺装形式，变化丰富；效果图表现良好。

缺点：方案布局过于平均，内部空间围合不够，过于通透，未能营造出私密空间；铺装形式过于多样，略有喧宾夺主之感。

图纸信息

作者：孙晴晴

表现方法：钢笔 + 马克笔

比例：1：300

时间：3 小时

作品评析

优点：方案采用折线形式，以规则式布局全局；线形流畅，富有变化；场地内植物种植丰富，色彩协调。

缺点：方案缺乏亮点，场地的纪念性意义没有很好地表达出来；硬质铺装方式过于单一，缺少变化；中心草地过于开敞，空间感不强。

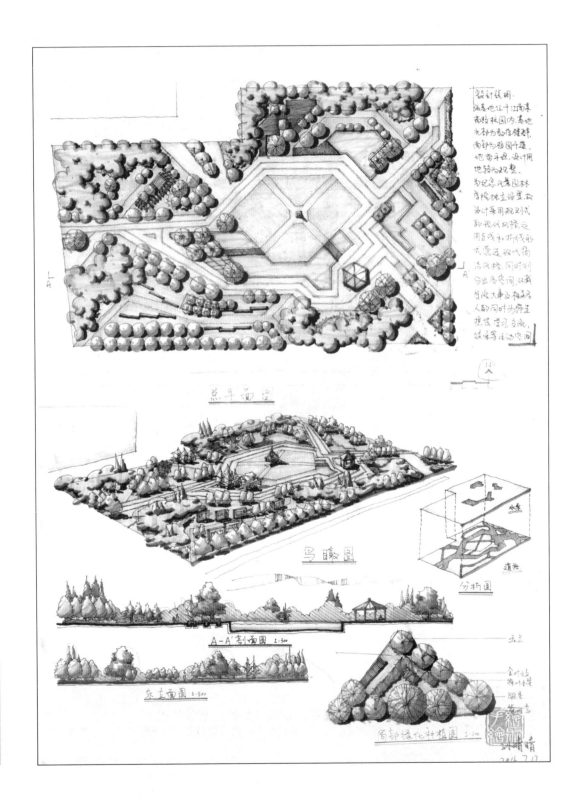

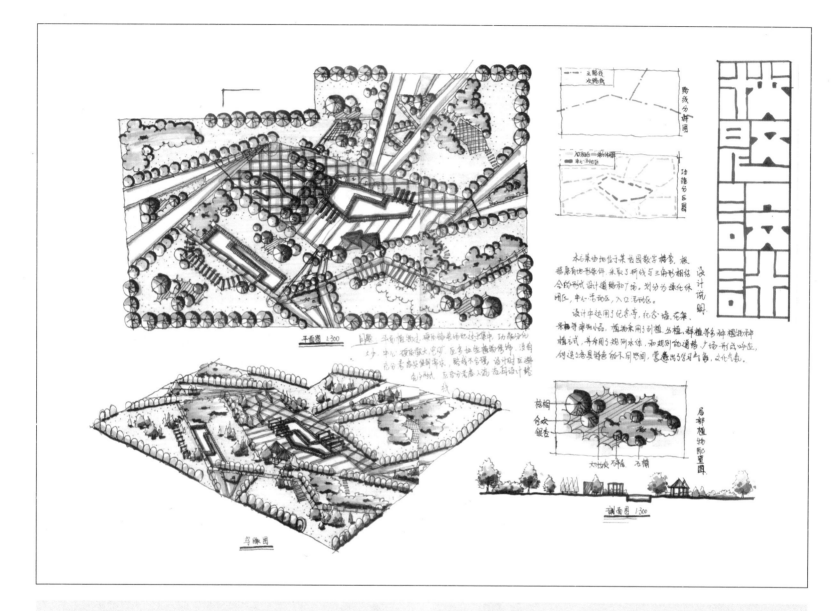

图纸信息

作者：张雅静

表现方法：钢笔＋马克笔

比例：1：300

时间：3小时

作品评析

优点：方案采用折线形式布局；景墙和景亭布局在构图中心，位置突出。

缺点：方案中心广场过于开敞，缺乏变化；交通不通畅的问题突出；缺乏微地形，空间感有待加强。

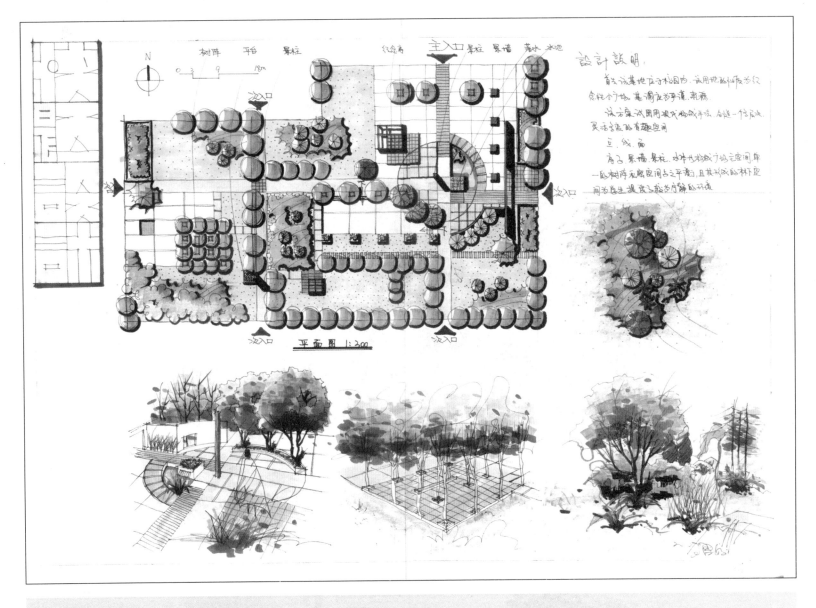

图纸信息

作者：王雪娇
表现方法：钢笔 + 马克笔
比例：1 : 300
时间：3 小时

作品评析

优点：方案采取规则式布局全局，景观轴线明确；出入口布局合理；种植形式丰富。
缺点：方案布局过于平均，缺乏变化；私密性空间缺失严重；入口景观形式单调。

图纸信息

作者：高侨

表现方法：钢笔 + 马克笔

比例：1：300

时间：3 小时

作品评析

优点：方案采用规则式布局，景观轴线明确；场地内植物种植丰富，色彩协调。

缺点：方案水景布局偏离画面；线形缺乏变化；中心广场略大；空间感不强。

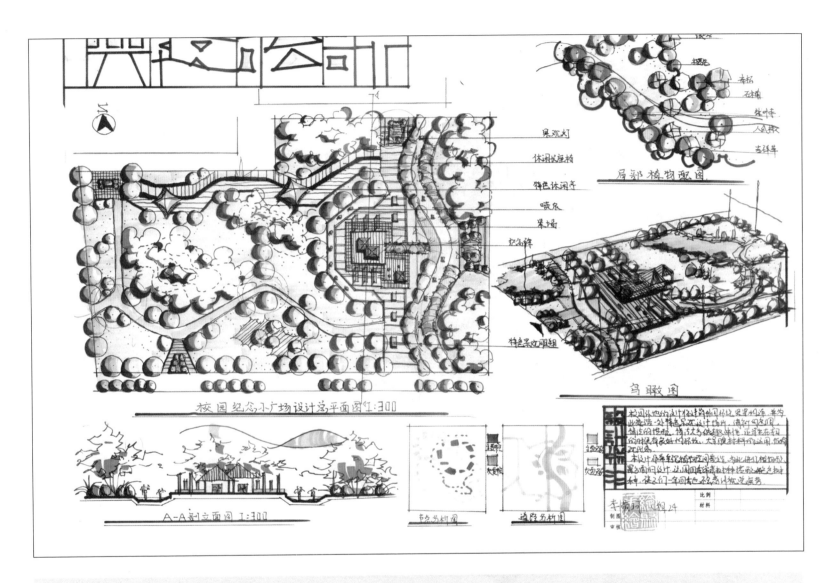

图纸信息

作者：李萌珂
表现方法：钢笔 + 马克笔
比例：1：300
时间：3 小时

作品评析

优点：方案采用折线和曲线的结合，形式活泼，带有动感；中心景亭和景墙较为突出。

缺点：方案北侧道路过于贴近场地设计红线和场地外侧道路；入口形式缺乏变化和设计感。

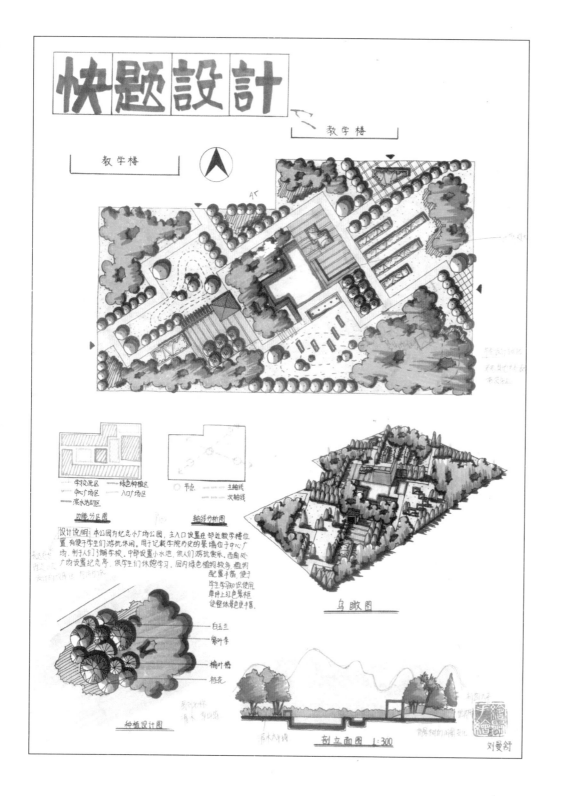

图纸信息

作者：刘曼舒

表现方法：钢笔 + 马克笔

比例：1：300

时间：3 小时

作品评析

优点：方案采用规则式布局，形式统一；轴线明确；图面色彩协调。

缺点：方案缺乏亮点，场地的纪念性意义没有很好地表达出来；场地布局过于规则，缺乏变化；私密性空间缺失。

案例二 某滨水带状场地景观设计

1. 基地概况

地处河流与城市居住小区之间,基地形状为带状,南侧紧邻居住区,东西两侧紧邻城市道路。

2. 规划要求

① 现有城市河道为毛石驳岸,改造成生态型软质驳岸为主的驳岸形式;

② 主题突出,风格鲜明,体现时代气息与地方特色。

3. 设计内容

① 总平面图 1:500,要标注出主要景点设施(要有一个厕所);

② 分析图(功能分区、交通组织、植物景观分布、景观视线分析、竖向设计图);

③ 鸟瞰图;

④ 规划设计说明(150 字和相应的规划技术指标);

⑤ 局部设计图(包括铺装和植物);

⑥ 局部效果图。

4. 考试时间

设计时间为 3 小时。

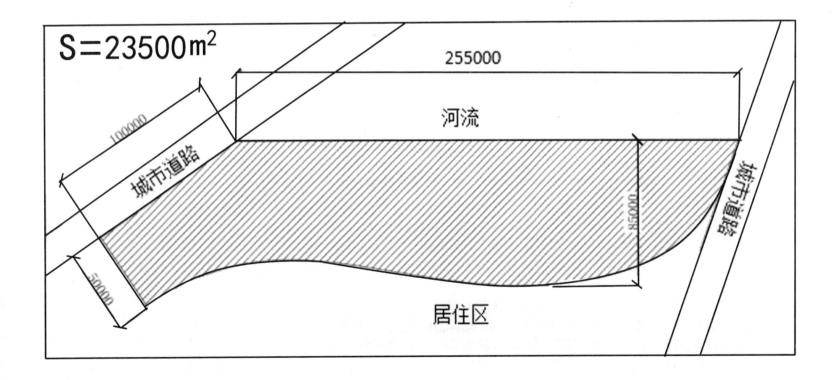

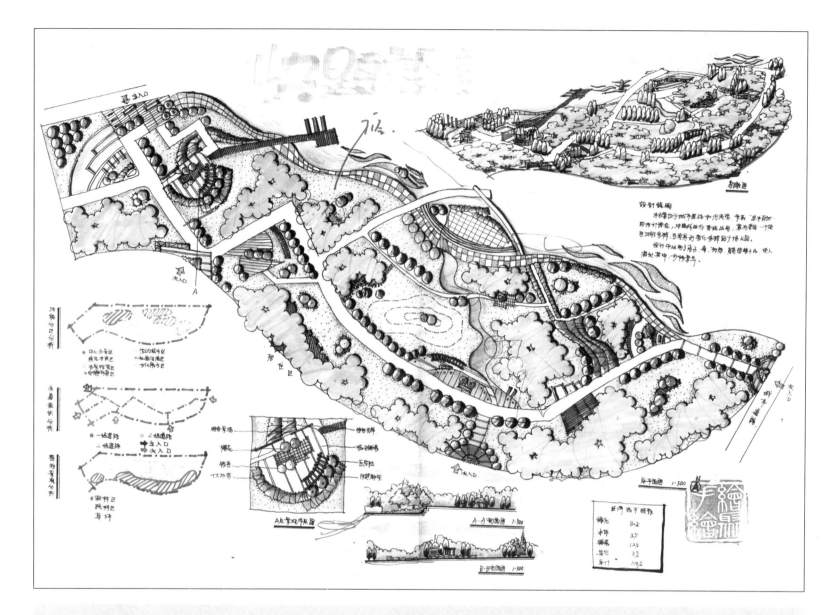

图纸信息

作者：李庆贺

表现方法：钢笔＋马克笔

比例：1：500

时间：3小时

作品评析

优点：方案采用折线形道路设计，与地形曲线过渡性呼应；图幅完整，鸟瞰图空间感强烈。

缺点：方案缺乏亮点，场地设计内容丰富度不够，空间的划分可更细致；等高线形式可美化。

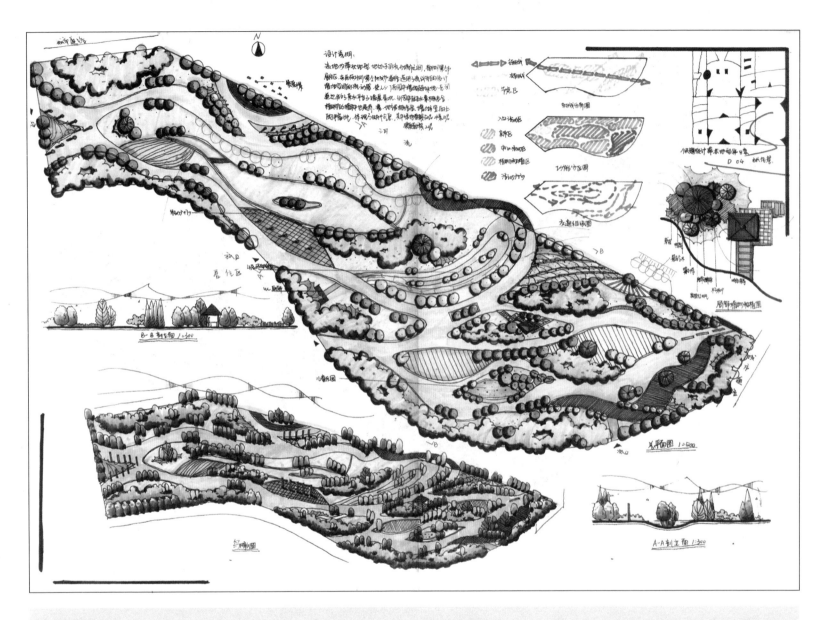

图纸信息

作者：张佳慧
表现方法：钢笔 + 马克笔
比例：1：500
时间：3 小时

作品评析

优点：方案采用线形设计，与场地结合紧密；道路形式活泼，极具动感。
缺点：方案主干道不太明确；水边过于空旷；广场缺乏空间划分，过于开敞。

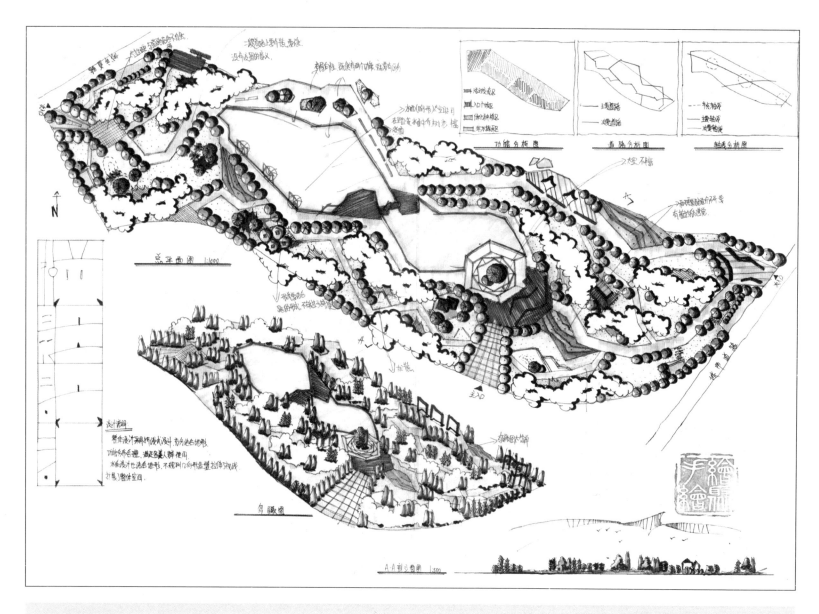

图纸信息

作者：李婷杰

表现方法：钢笔＋马克笔

比例：1：500

时间：3小时

作品评析

优点：方案整体设计结合场地周边；设计感强；中心节点醒目。

缺点：方案中心水域划分过于平均，水边景观设施缺失；鸟瞰图表现力不够；分析图形式不美观。

图纸信息

作者：李琛琛

表现方法：钢笔 + 马克笔

比例：1：500

时间：3 小时

作品评析

优点：方案结合场地设计形式统一；交通明确，出入口位置合理。

缺点：方案中心广场面积过大；植物围合过密；入口形式过于统一。

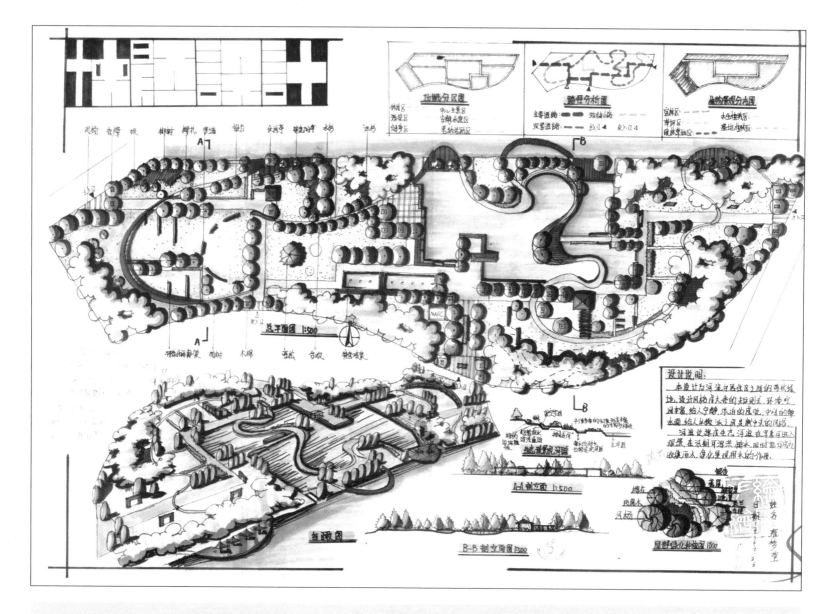

图纸信息

作者：雍梦莹

表现方法：钢笔＋马克笔

比例：1：500

时间：3 小时

作品评析

优点：方案线形具有亮点，如行云流水；空间丰富，出入口位置合理。

缺点：方案主干不明，未形成完整的主道路系统；中间直线和折线的应用与曲线形式未充分结合过渡。

案例三　岭南某综合大学湖畔校园休闲活动场地景观设计

1. 项目概况

岭南某综合大学结合校庆进行校园景观优化设计，拟将校园景观大道一端的湖畔用地改造为校园的休闲活动场地。该用地西面临湖，北面为教学楼群，东面是校园景观大道，南面为湖畔草地。设计用地地形较为规整，面积约为 **21 600 m²**（含水面面积约 **3200 m²**）。湖面常年水位标高为 **2.2 m**，丰水位最高水位 **2.9 m**，湖畔用地平均标高为 **3.5 m**（详见下图）

2. 规划设计要求

在该用地范围内进行景观设计，要求结合校园的休闲活动需求设置相关活动场地，设计应体现校园景观特点与岭南地域特色。主要设计内容有：

① 总平面规划设计。将该校园休闲活动场地进行铺装和绿化布置，不考虑人工水景，可适当调整用地沿湖岸线。铺装面积控制在总用地面积的 **40%** 以下。场地主入口部分预留可供 **6~8** 辆小汽车使用的临时停车场地。

② 外部场地设计。结合校园的休闲活动设置必要的室外活动场地，场地竖向设计需考虑用地与周边地形的衔接。

③ 植物种植设计。总平面要将场地进行绿化种植设计。

3. 图纸内容和要求

图纸不得为透明图纸，以下内容均在 A2 图纸上用墨线表达并上色，图纸约 2~3 张。表达方式不限，排版自定。

（1）总平面规划方案图纸

① 现状分析图，内容及比例自定。

② 设计概念分析图，内容及比例自定。

③ 彩色总平面规划图，反映水景、驳岸、铺地、绿化、建筑、小品，需简要文字说明，比例为 1：500.

（2）景观效果图

视点不限，效果图数量不限，但主透视要将建筑主体结合绿化环境整体表达，主透视需大于 A2 图纸的一半。

4. 考试时间

设计时间为 3 小时。

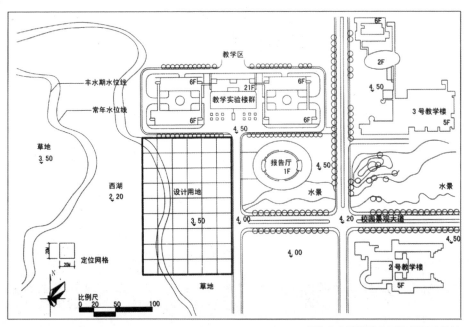

某综合大学湖畔校园休闲活动场地

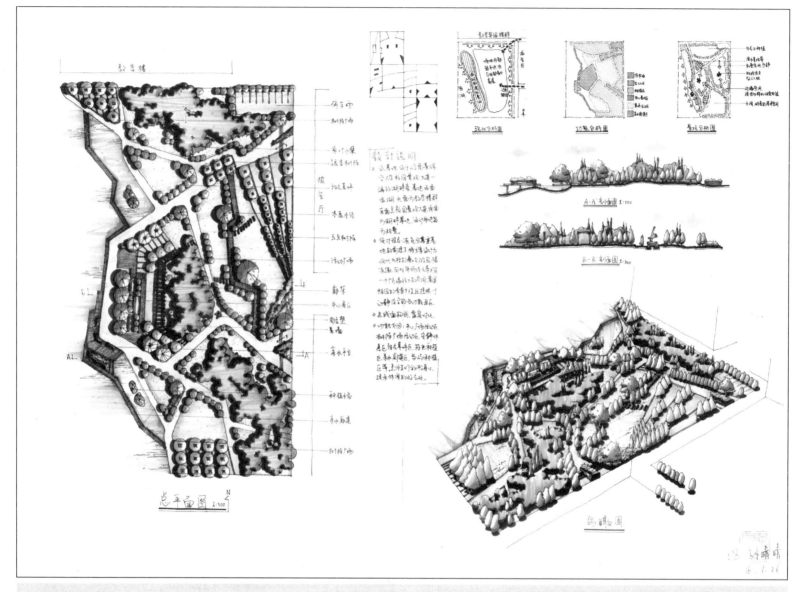

图纸信息

作者：孙晴晴

表现方法：钢笔＋马克笔

比例：1：500

时间：3 小时

作品评析

优点：方案整体采用折线构图，结构清晰明确，图幅简洁明了，场地设计形式多样又不乏统一感，植物种植形式多样。

缺点：主次干道不够明确，行道树种植走向过多，略显细碎，影响图面整体感。

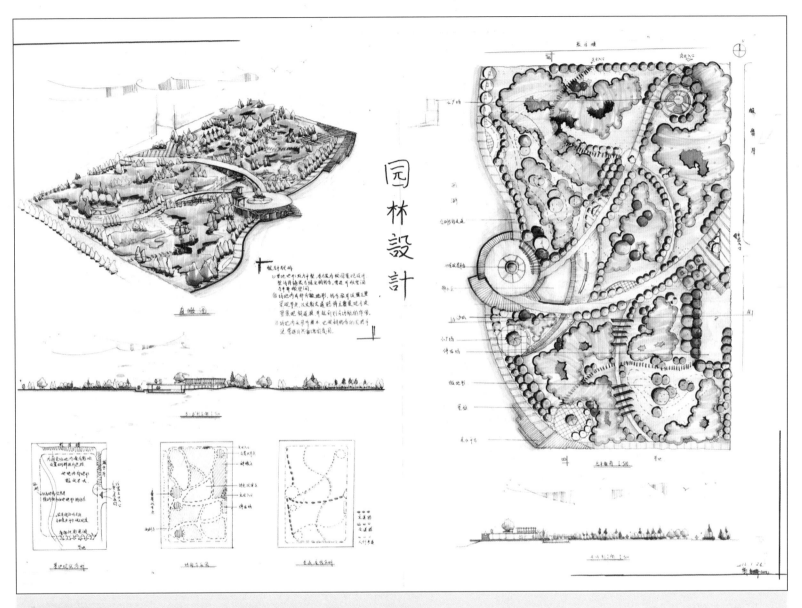

园林設計

图纸信息

作者：刘子瑜
表现方法：钢笔 + 马克笔
比例：1：500
时间：3 小时

作品评析

优点：方案道路设计流畅，与场地结合性强，空间划分合理，呈现多样的活动空间。

缺点：方案节点形式过于单调，与道路形式结合薄弱，种植设计与道路及节点结合不强。

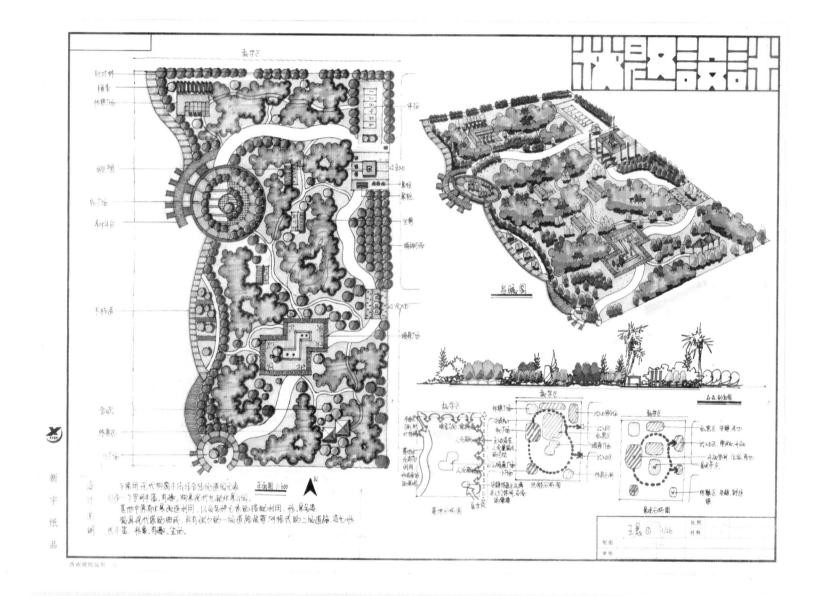

图纸信息

作者：王晨

表现方法：钢笔＋马克笔

比例：1：500

时间：3小时

作品评析

优点：方案整体道路系统布置适宜，出入口位置合理；能够呈现良好的滨水景观；空间类型分明，开敞、私密等多元结合。

缺点：主次干道尺度有误，入口空间识别性不强，设计单调。

案例四 某居住区户外公共空间设计

1. 基地概况

某居住区户外公共空间，具体情况如下图所示。

2. 设计要求

请根据场地具体环境、位置、面积规模完成方案设计任务。

3. 成果要求

请使用 A2 绘图纸。

总平面图布局，主要立面与剖面，主景设计，主要设计材料应用（包括园路与铺地材料、植物材料、小品材料等），整体设计鸟瞰图（或主要景观透视效果图），以及简要的设计说明（位置表述内容包括场地所在的城市或地区名称、场地规模、总体构思立意、功能分区及景观特色、主要造景材料等）。设计场地所处的城市地区大环境由考生自定，设计表现方法不限。

4. 时间要求

设计时间为 3 小时。

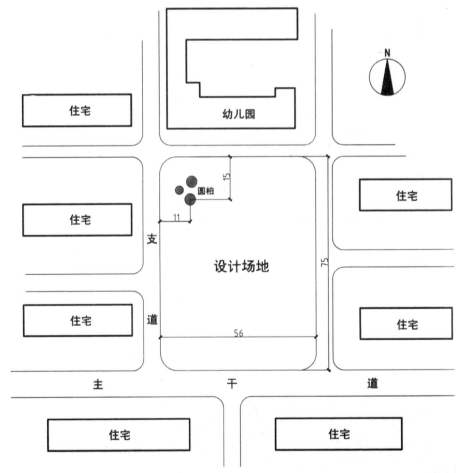

某居住区公共空间

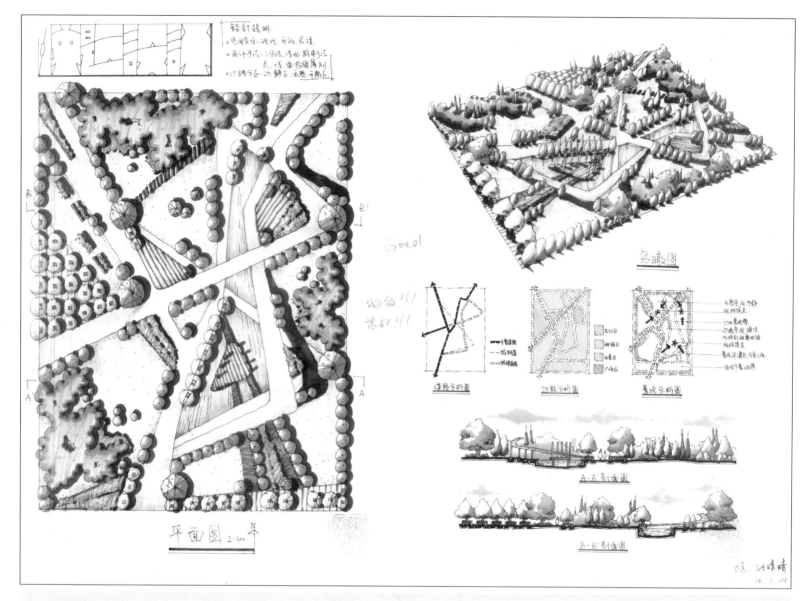

图纸信息

作者：孙晴晴

表现方法：钢笔＋马克笔

比例：1：300

时间：3小时

作品评析

优点：方案采用规则式布局；植物搭配合理，空间类型丰富，开合有致；竖向设计丰富。

缺点：方案未将场地原有问题与设计充分结合；缺少各类型的休憩空间，设计深度欠缺。

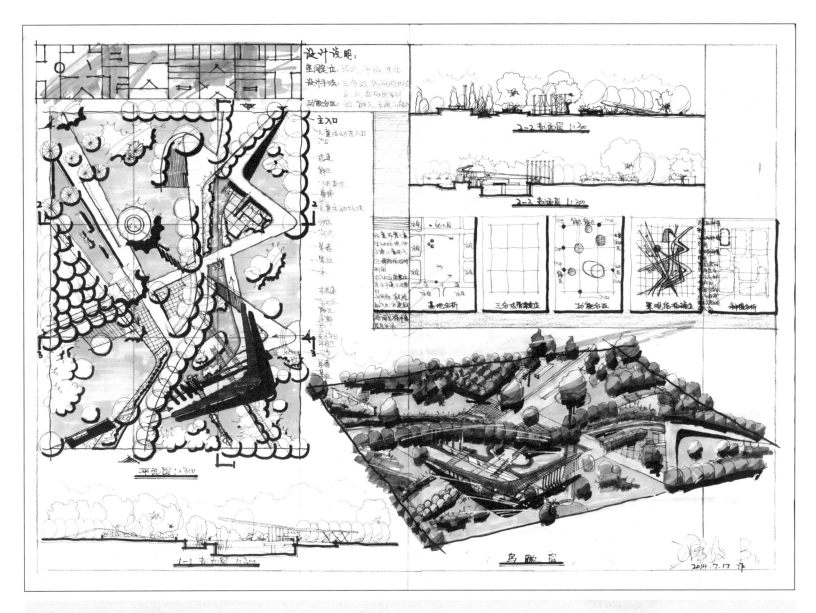

图纸信息

作者：王雪娇

表现方法：钢笔 + 马克笔

比例：1：300

时间：3 小时

作品评析

优点：方案整体采用规则式，布局紧凑；竖向设计丰富，场地交通便捷；景观形式多样。

缺点：方案景观节点形式与道路整体折线形式结合不强；场地保留的树木未能结合设计充分体现其景观价值。

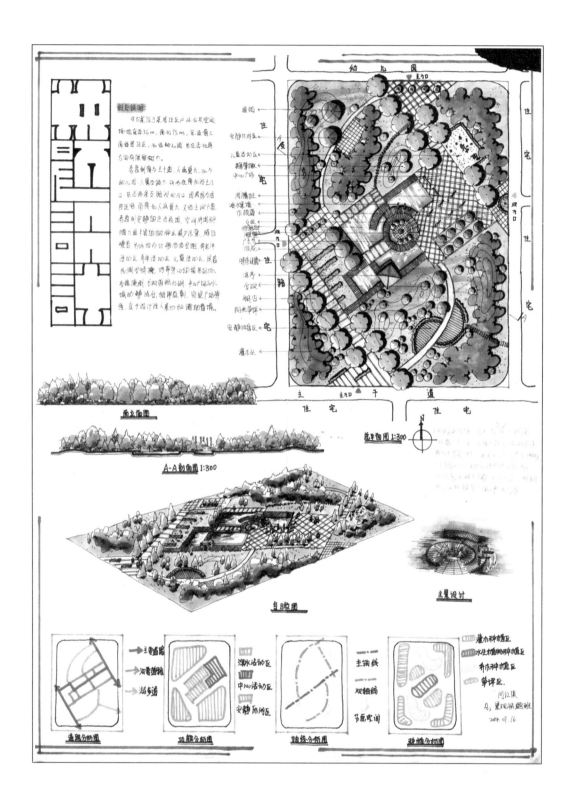

图纸信息

作者：闫红侠

表现方法：钢笔＋马克笔

比例：**1：300**

时间：**3 小时**

作品评析

优点：该方案布局合理，地形丰富，出入口位置设置合理，图纸表达清晰，排版效果较好。

缺点：休闲园路的设计单调，缺乏趣味性，可供游览的次级道路过少，难以满足周围居民休闲的需要。剖面图中植物前、中、后景没有区分，显得凌乱；平面图树丛的表现过于均衡，且层次单一，比例偏小。

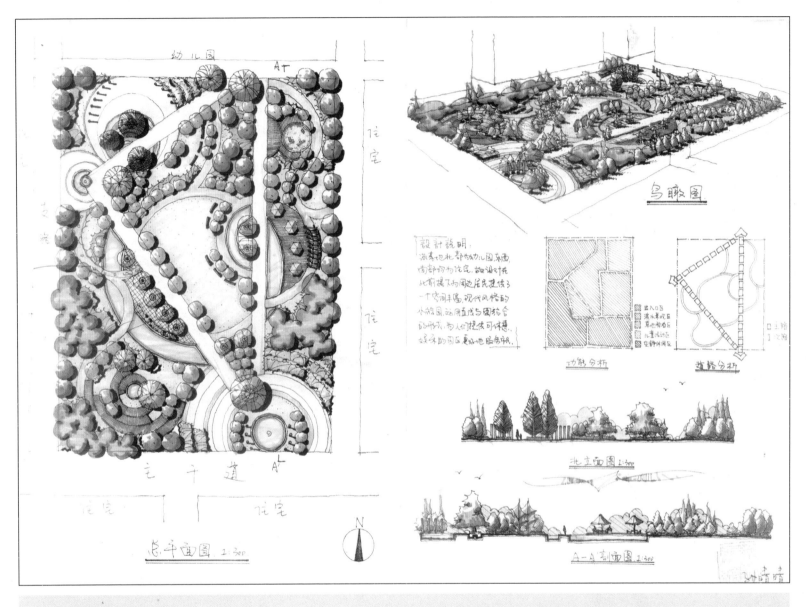

图纸信息

作者：孙晴晴

表现方法：钢笔＋马克笔

比例：1：300

时间：3小时

作品评析

优点：该方案整体构图感强；出入口位置设计合理；空间划分细致。

缺点：方案内部几何形形式过于强烈，可适当打破；三角形形式与曲线对比过于强烈；中心草坪区过于开敞。

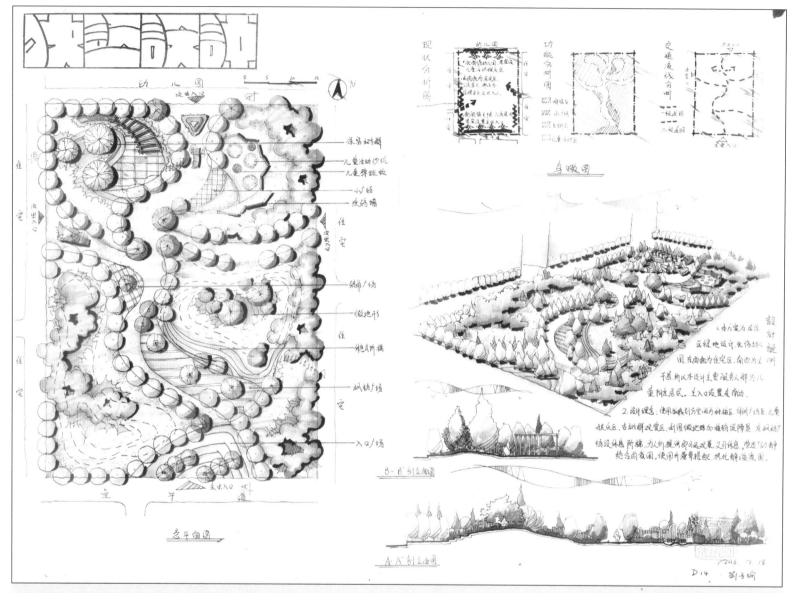

图纸信息

作者：刘子瑜

表现方法：钢笔 + 马克笔

比例：1：300

时间：3 小时

作品评析

优点：该方案自然式布局，线形具有张力，交通流畅；节点形式与道路的曲线线形结合紧密。

缺点：方案缺乏休憩节点；场地设计略显空荡。

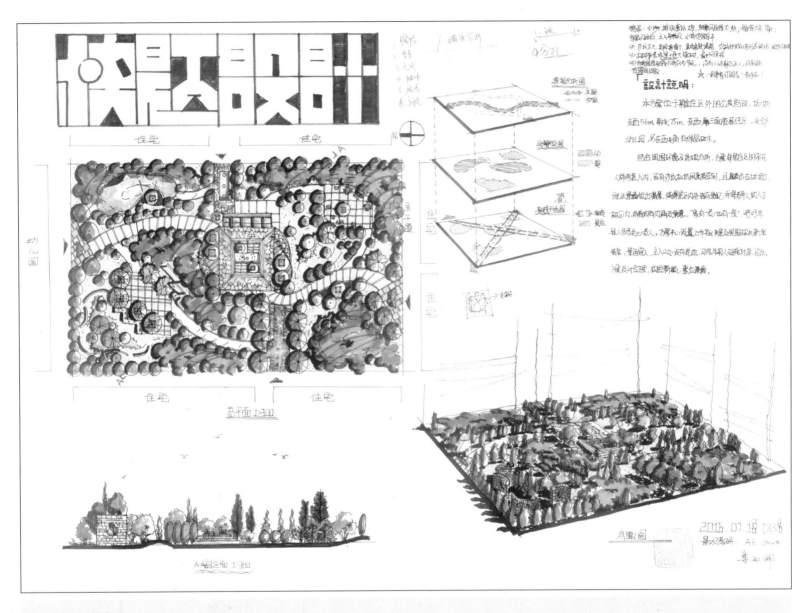

图纸信息

作者：娄丽娜

表现方法：钢笔 + 马克笔

比例：1：300

时间：3 小时

作品评析

优点：方案规整式布局，呈现明显轴线；出入口位置设置合理，交通流畅。

缺点：方案设计平庸缺乏亮点；沙坑形式处理过于单调；广场形式单调，处理过于随意。

案例五 翠湖公园设计

1. 项目简介

某城市小型公园——翠湖公园位于 120 m×86 m 的长方形地块上，占地面积 10 320 m²，其东西两侧分别为居住区（翠湖小区 A 区和 B 区），A、B 两区各有栅栏墙围合，但 A、B 两区各有一个行人出入口与公园相通。该园南临翠湖，北依人民路，并与商业区隔街相望。该公园现状地形为平地，其标高为 47.0 m，人民路路面标高为 46.6m 翠湖常水位标高为 46.0 m（详见下图）。

2. 设计目标

将翠湖公园设计成既具有中国传统园林特色，又具有现代风格的开放型公园。

3. 公园主要内容及要求

现代风格小卖部 1 个（18 ~ 20 m²），露天茶室 1 个（30 ~ 70 m²），喷泉水池 1 个（30 ~ 60 m²），雕塑 1 ~ 2 个，厕所 1 个（16 ~ 20 m²），休憩广场 2 ~ 3 个（总面积 300 ~ 500 m²），主路宽 4 m，次路宽 2 m，小径宽 0.8 ~ 1 m，园林植物参照考生所在地常用种类。此公园北部应设 200 ~ 250 m² 的自行车停车场（注：该公园南北两侧不设围墙，也不设园门）。

4. 图纸内容（表现手法不限）

① 现状分析图 1：500（占总分 15%）。

② 平面图 1：200（图幅大小为 1 号图，占总分 45%）。

③ 鸟瞰图 1：200（图幅大小为 1 号图，占总分 30%）。

④ 设计说明（300 ~ 500 字），并附主要植物中文名录（占总分 10%）。

5. 时间要求

设计时间为 3 小时。

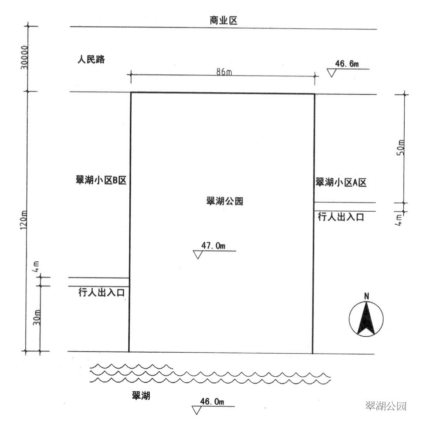

翠湖公园

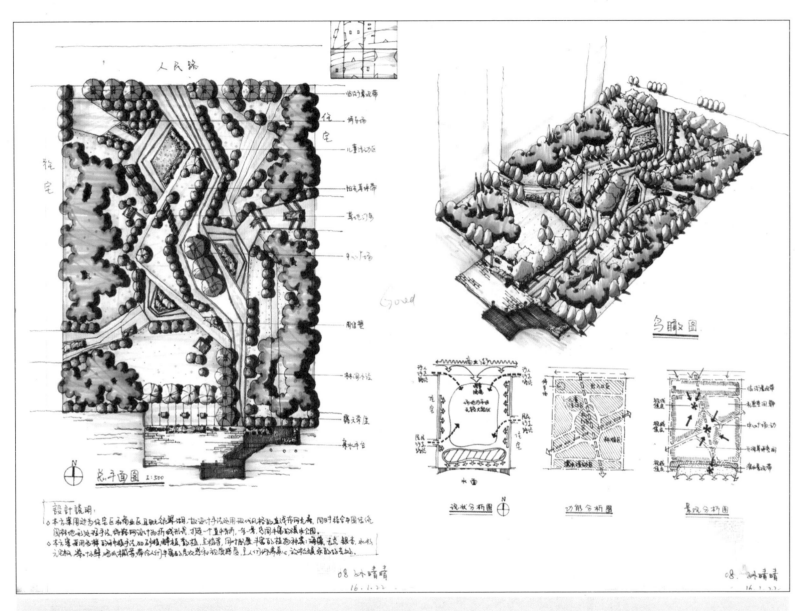

图纸信息

作者：孙晴晴

表现方法：钢笔 + 马克笔

比例：1：500

时间：3 小时

作品评析

优点：方案整体采用规则式，布局紧凑，图幅饱满；出入口设置合理，交通便捷；景观形式多样，滨水景观丰富。

缺点：方案景观节点细化程度不够；草坪区未设置微地形；缺乏安静空间，不能满足人群的不同需求。

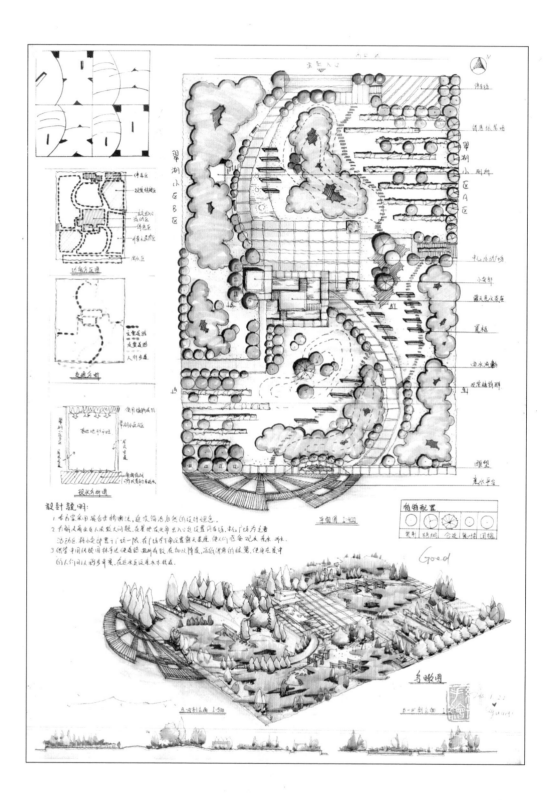

图纸信息

作者：刘子瑜

表现方法：钢笔＋马克笔

比例：1：500

时间：3小时

作品评析

优点：方案整体布局紧凑，植物搭配合理；出入口位置合理，主路形式感强；景观形式多样且设计了良好的滨水景观。

缺点：方案主入口形式未能与主路形式呼应；中心广场尺度偏大，且广场未做有效分割，景观小品欠缺。

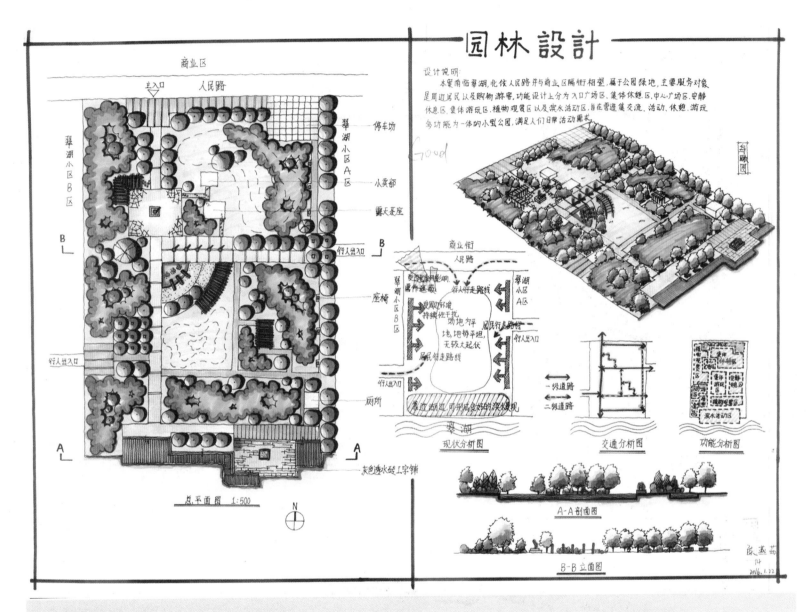

园林设计

设计说明:

　　本案南临翠湖,北依人民路并与商业区隔街相望,属于公园绿地,主要服务对象是周边居民以及购物游客,功能设计上分为入口广场区、集体休憩区、中心广场区、安静休息区、集体游玩区、植物观览区以及滨水活动区,旨在营造集交流、活动、休憩、游玩等多功能为一体的小型公园,满足人们日常活动需求。

Good

鸟瞰图

现状分析图　　　　交通分析图　　　　功能分析图

一级道路
二级道路

A-A剖面图

B-B立面图

总平面图 1:500

N

商业区
主入口　人民路
翠湖小区B区
翠湖小区A区
停车场
小卖部
露天茶座
行人出入口
座椅
行人出入口
厕所
灰色透水砖工字铺

图纸信息

作者: 陈燕茹
表现方法: 钢笔 + 马克笔
比例: 1:500
时间: 3小时

作品评析

优点: 方案采用规则式布局,场地视野开阔,植物搭配合理;空间样式,尤其是滨水空间丰富多样,作为公共空间作用较明显。

缺点: 方案整体缺乏变化,主节点景观小品略显单调;植物未起到围合空间的作用;空间组织缺乏层次感。

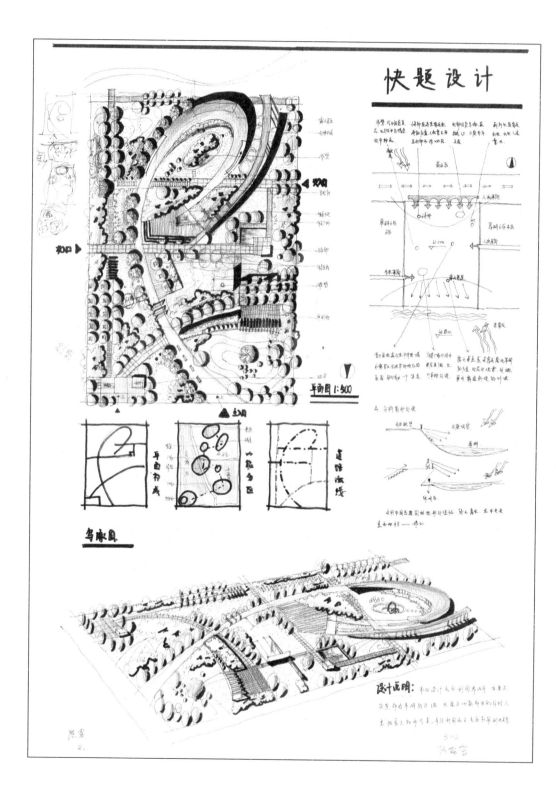

图纸信息

作者：陈露露

表现方法：钢笔＋马克笔

比例：1：500

时间：3小时

作品评析

优点：方案设计新颖，手法现代；
结构清晰，主次分明，识别性强；
较好地运用了植物材料以塑造空间，
利用地形引导视线。

缺点：滨水地段的设计过于简陋，
亲水效果不明显；场地布置上道路
占主要地位，缺少各种类型的休闲
空间。

图纸信息

作者：陈光

表现方法：钢笔 + 马克笔

比例：1 : 500

时间：3 小时

作品评析

优点：方案采用规则式布局，结构紧凑，轴线清晰，交通简洁明了。

缺点：对于表现题目中的公园内容要求有少量遗漏；植物种植方面显得单一，缺乏层次感，没有很好地运用植物材料营造空间；空间组织上迂回琐碎，且缺少大型活动场地。

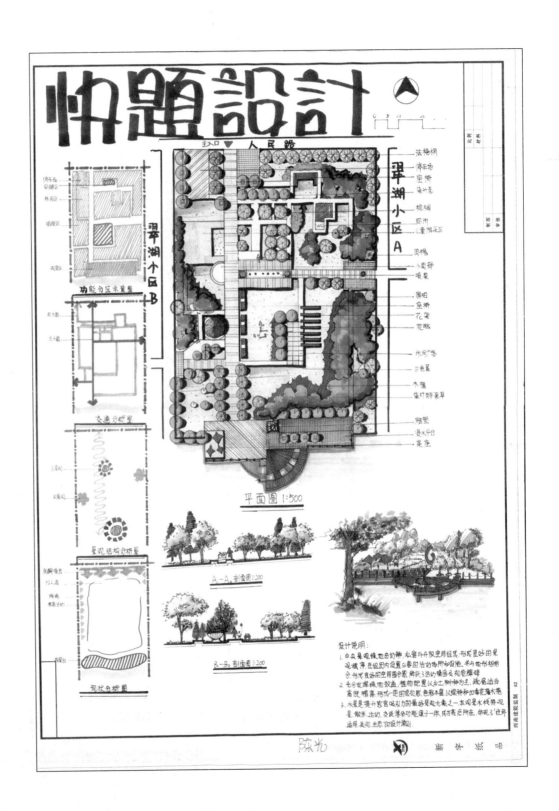

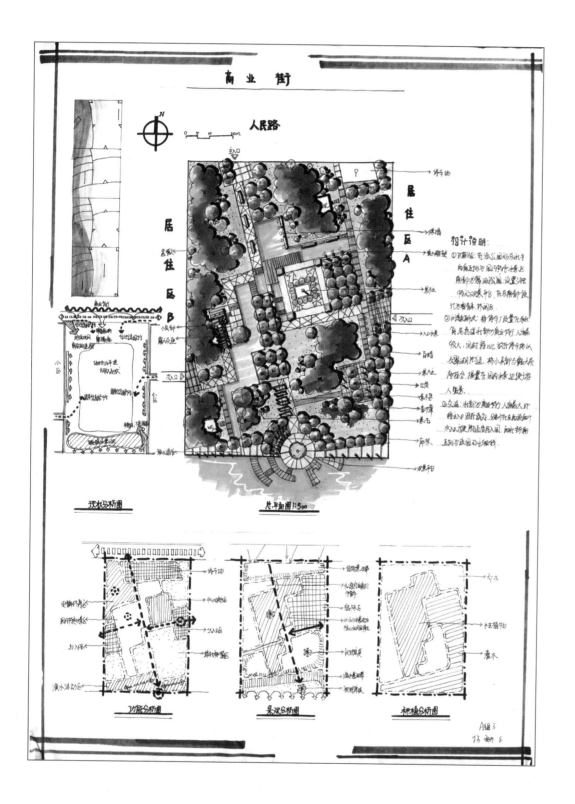

图纸信息

作者：何珊珊

表现方法：钢笔＋马克笔

比例：1：500

时间：3小时

作品评析

优点：方案采用规则式布局，条理清晰，交通合理，整体设计简洁明了；植物配置样式多样，与场地空间变化相适应。

缺点：场地布局较为分散，且活动场地偏少，空间缺乏层次感；滨水处理单一，空间体验单调；基地内部引水的亲水性考虑不周。

图纸信息

作者：林瑜

表现方法：钢笔＋马克笔

比例：1 : 500

时间：3 小时

作品评析

优点：方案采用自然式布局，交通合理，整体方案感较强；植物配置样式多样，与场地空间变化相适应。

缺点：方案场地道路系统略显牵强，分析图缺失，图幅完整度不够。

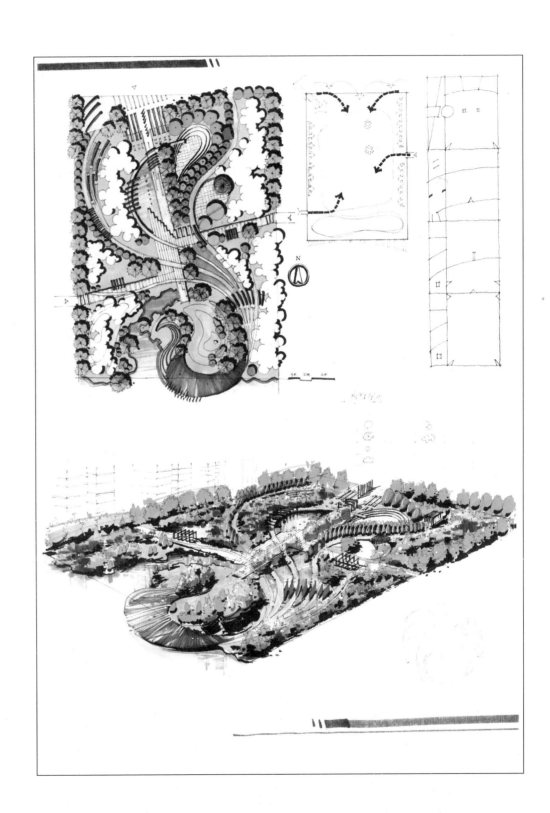

案例六 某矿区公园改造设计

1. 基地概况

基地位于南方某城市靠近郊区的地方，基地南高北低，面积接近 20 000 m²，原有煤炭生产基地现在已经废弃。基地外围东、西、南三面环山，使基地形成了一个凹地，北面为城市道路和绿地。基地被中部一高约 4 m 的缓坡一分为二，分为地势平坦的两层场地。基地范围（单位 m）如右图所示。

2. 设计要求

① 充分利用基地的外部环境和内部特征，通过景观规划设计使其成为市民休闲游憩的一个开放空间。

② 基地当中要求规划由茶室、咖啡室构成的一体休闲建筑，可设一个，也可分散设计。

3. 成果要求

① 总平面图 1 幅，比例 1：500。

② 道路交通分析图、功能分析图。

③ 典型剖面图 2 幅，比例 1：300。

④ 重要节点的放大平面图或透视图。

⑤ 设计说明，不少于 100 字。

4. 时间要求

设计时间为 3 小时。

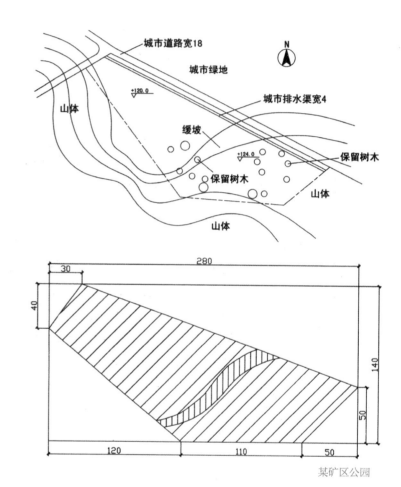

某矿区公园

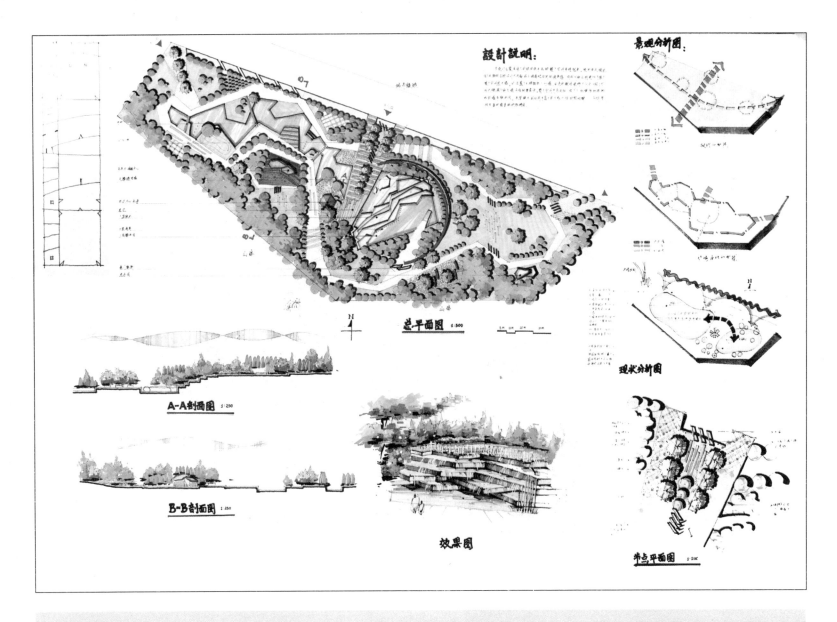

設計說明：

總平面圖 1:500

A-A剖面圖 1:250

B-B剖面圖 1:250

效果圖

景觀分析圖：

現狀分析圖

节点平面圖 1:200

图纸信息

作者：林瑜

表现方法：钢笔 + 马克笔

比例：1：500

时间：3 小时

作品评析

优点：方案利用折线的元素进行设计，形成了规则式布局，构思新颖，整体结构一目了然；植物配置丰富，疏密有致；合理利用缓坡地形，塑造跌水景观，效果良好；整个园区以水景为中心，趣味性强。

缺点：方案缺乏次级道路的穿插，游玩路线单一；缺乏各种性质的空间，不能很好地满足人群的不同活动需求。

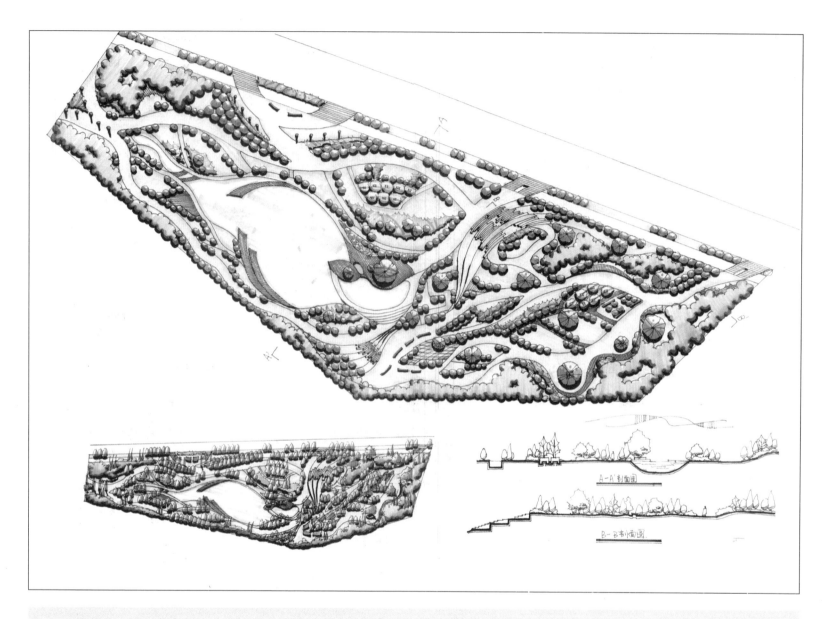

图纸信息

作者：孙晴晴

表现方法：钢笔＋马克笔

比例：1：500

时间：3 小时

作品评析

优点：方案设计整体节奏感强；巧妙地运用地形营造丰富的景观；植物种植形式多样，营造良好的空间氛围，满足不同的活动需求。

缺点：方案整体主次道路不够明确，显得混乱；中心水系单点缺乏变化，滨水景观不够丰富，水系设置未结合缓坡地形设置。

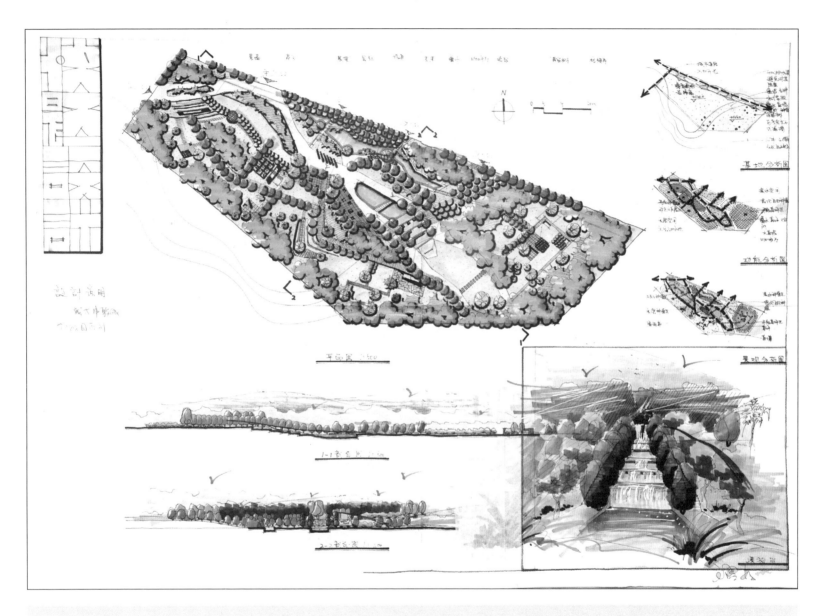

图纸信息

作者：王雪娇

表现方法：钢笔 + 马克笔

比例：1：500

时间：3 小时

作品评析

优点：方案合理利用缓坡地形，塑造跌水景观，效果良好；巧妙地运用地形营造丰富的景观；植物种植形式多样，营造了良好的空间氛围，可以满足不同的活动需求。

缺点：方案主干道利用阶梯解决高差，方法略显笨拙；植物种植过于分散；中心广场处理方法过于单调。

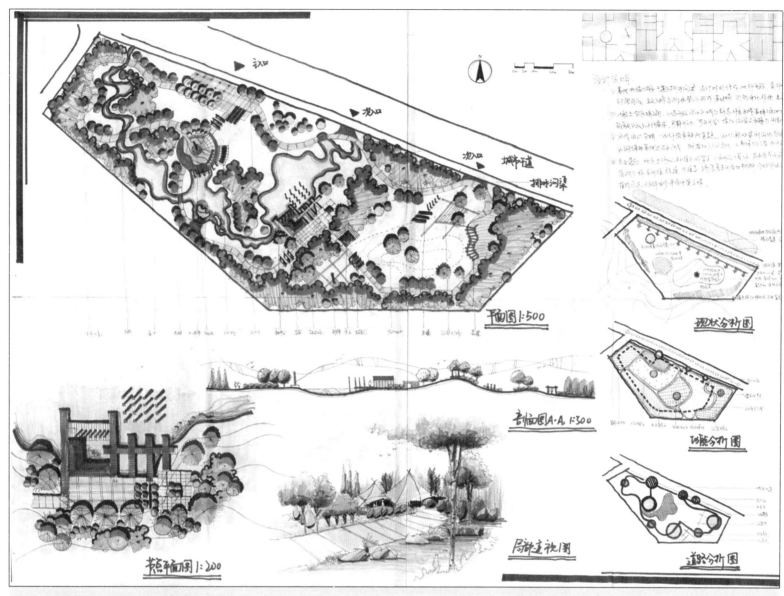

图纸信息

作者：陈露
表现方法：钢笔＋马克笔
比例：1：500
时间：3 小时

作品评析

优点：方案采用自然式布局，方案清晰，道路婉转自然，趣味性强。
缺点：缓坡地形处理不合理，节点设计不够深入；入口景观处理过于单调。

案例七 北京某居住区公园设计

1. 基地概况

基地位于北京西北部某县城中，北为南环路，南为太平路，东为塔院路，面积约为 **3.3 hm²**（如下图所示，图中粗线为边界线）。用地东、南、西三侧均为居民区。北侧隔南环路为居民区和商业建筑。地面比较平坦（图中数字为现状高程），基址上没有植物。

2. 设计要求

公园要成为周围居民休憩、活动、交往、赏景的场所，是开放性公园，所以不用建造围墙和售票亭等设施。在南环路、太平路和塔院路上可设立多个出入口，并布置总数为 **20~25** 个轿车车位的停车场。公园中要建造一栋一层的游客中心建筑，建筑面积为 **300 m²** 左右，基本设施有小卖部、茶室、活动室、管理室、厕所等。其他设施由设计者决定。

3. 成果要求

提交两张 A3 图纸，图中方格网为 **30 m × 30 m**。

① 总平面图 1:1000（表现方式不限，要反映竖向变化，所有建筑只画屋顶平面，植物只表达乔木、灌木、草地、针叶、阔叶、常绿、落叶等植物类型，有 **500** 字以内的表达设计意象的设计说明书）。

② 鸟瞰图（表现形式不限）。

4. 时间要求

设计时间为 6 小时。

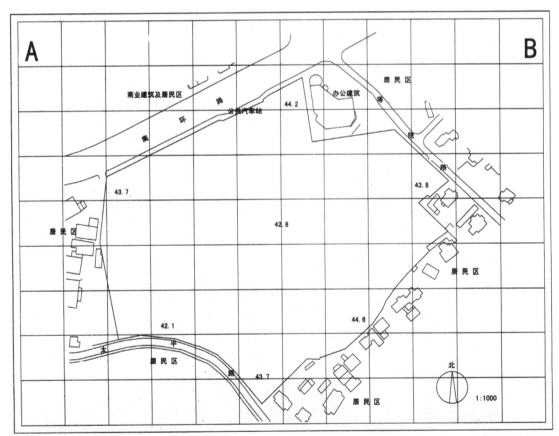

某居住区公园设计

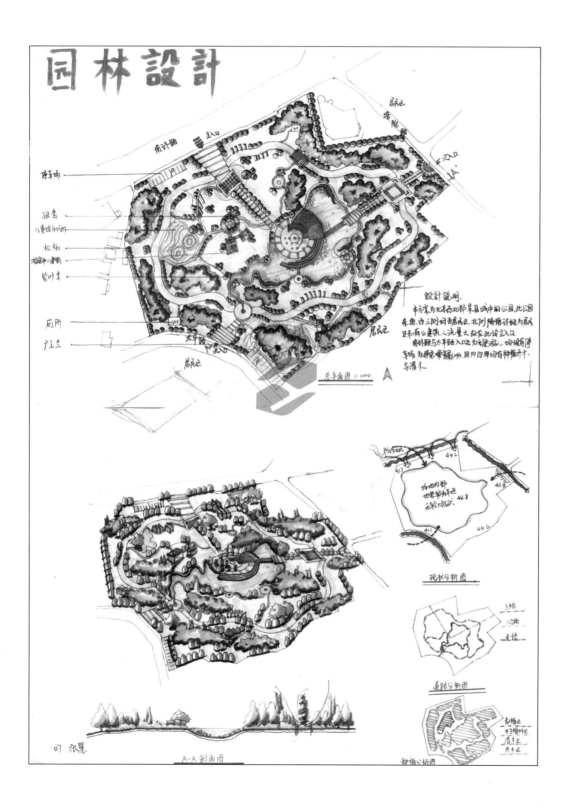

图纸信息

作者：张慧

表现方法：钢笔＋马克笔

比例：1：1000

时间：6 小时

作品评析

优点：方案交通体系有不同的层次感，主环路流畅；主次入口位置合理；丰富的滨水景观满足游人的不同使用需求。

缺点：方案植物种植未结合场地围合多样空间；草地面积过大，空间过于通透；方案轴线设计牵强，缺乏变化；水上节点过大，水面略显拥挤。

图纸信息

作者：孙晴晴

表现方法：钢笔 + 马克笔

比例：1：1000

时间：6 小时

作品评析

优点：方案设计新颖，利用微地形竖向景观设计丰富；水面变化丰富，滨水景观多样；整体图面布置细致，排版工整。

缺点：方案草坪区缺乏微地形设计；开敞空间内植物设计不够丰富。

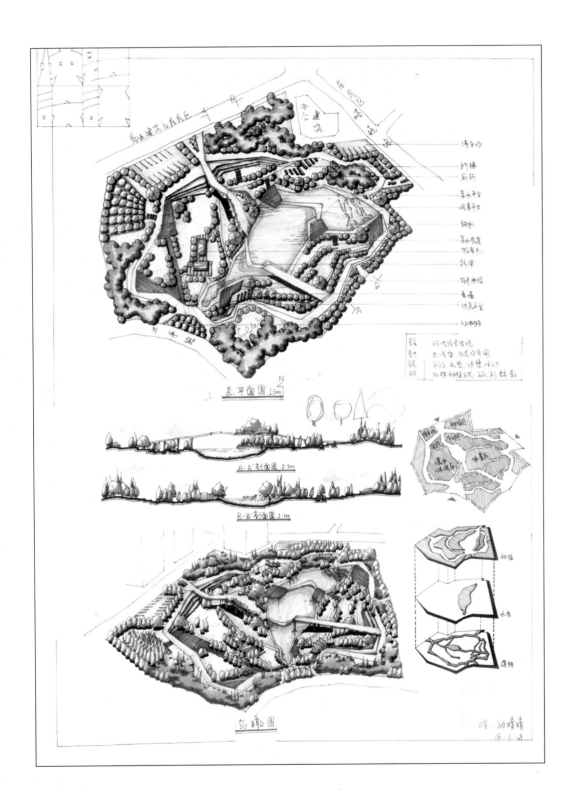

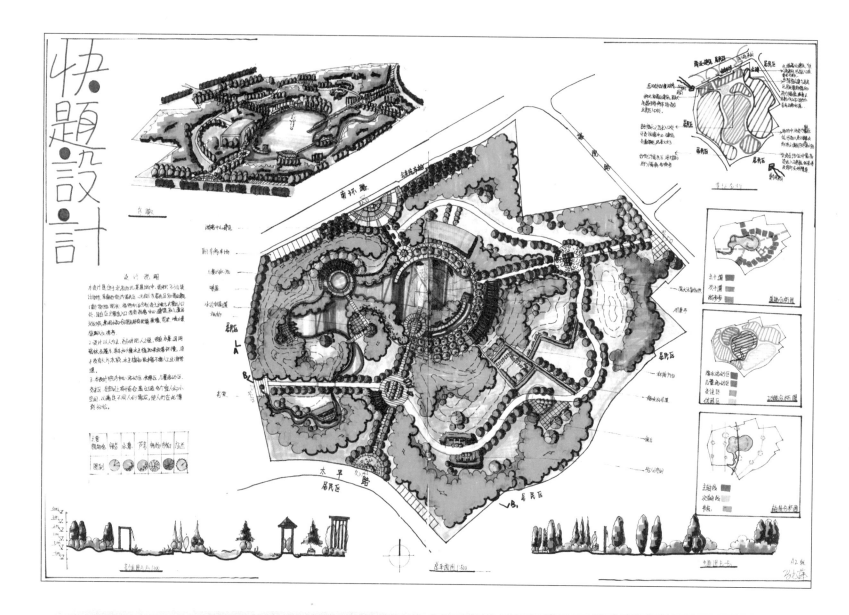

图纸信息

作者：马九萍

表现方法：钢笔＋马克笔

比例：1：1000

时间：6小时

作品评析

优点：该方案在空间类型、交通体系上都具有不错的层次感；从整体上看，全园重点突出，尺度比较适宜；竖向设计丰富，植被空间与硬质场地相互结合，营造出私密、半私密的休憩空间。

缺点：整体排版略显混乱；水体的造型有待改善；开场空间内植物设计不够丰富。

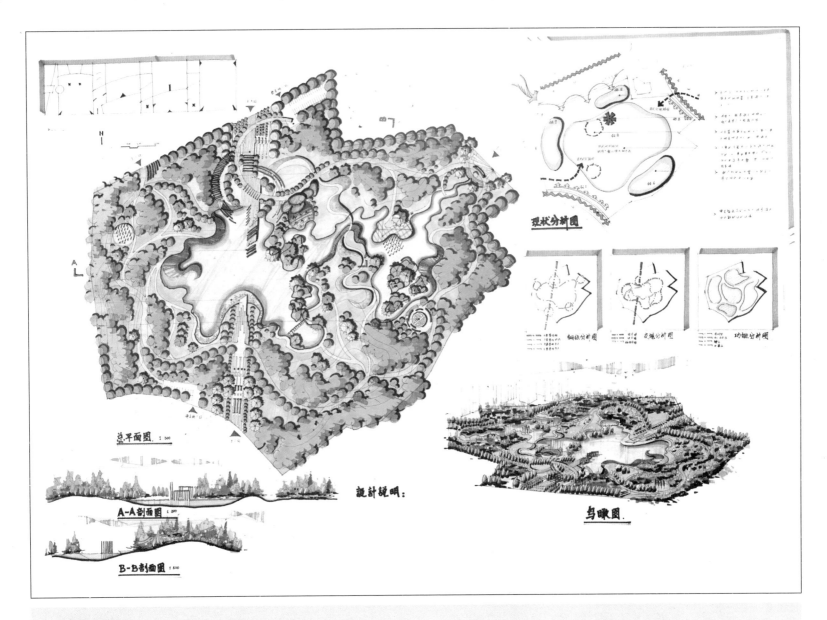

总平面图 1:500

A-A剖面图 1:500

B-B剖面图 1:500

现状分析图

轴线分析图　方块分析图　功能分析图

设计说明：

鸟瞰图

图纸信息

作者：林瑜
表现方法：钢笔＋马克笔
比例：1：1000
时间：6小时

作品评析

优点：该方案整体性强，南北侧通过景观大道设置了景观轴线；空间层次丰富，细节刻画深入；水系驳岸形式丰富多样，道路主次分明，植物疏密有致。

缺点：硬质场地所占比例稍小，游人园路交通组织不太清晰，还需进一步加强；植物还需要进一步拉开层次。

案例八　某城市水景公园设计

1. 基地概况

① 基地总面积为 162 000 m²，A 地块占地面积为 42 000 m²，B 地块占地面积为 120 000 m²。

② 基地北面为某市的政府大楼（详见右图）。

③ 基地现状内部有水塘，主要集中在 A 地块。

2. 设计要求

① 以水景公园为主基调进行设计。

② 基地内现有道路为城市支路，必须保留。

③ 可以在基地内的地块安排适当的文化娱乐建筑，以满足市民休闲娱乐的需求。

④ A、B 地块统一设计。

3. 成果要求

① 总平面图 1 幅，比例 1 : 1000。

② 剖面图 2 幅，比例 1 : 1000 或 1 : 1500。

③ 其他表现图、分析图若干。

④ 设计说明，不少于 200 字。

4. 时间要求

设计时间为 6 小时。

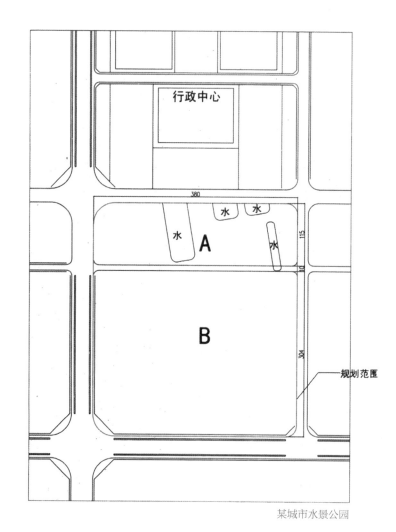

某城市水景公园

图纸信息

作者：王雪娇

表现方法：钢笔＋马克笔

比例：1：1000

时间：6小时

作品评析

优点：该方案以环形主路和水系为骨架，大胆采用自然式布局，整体景观结构感较强，空间类型丰富；水体驳岸设计丰富，景观形式多样，水体与道路结合，曲折有致，相互呼应。

缺点：该方案水面略大；广场处理过于简单，节点分割略显细碎；主干道突出不够，主次干道略显混乱。

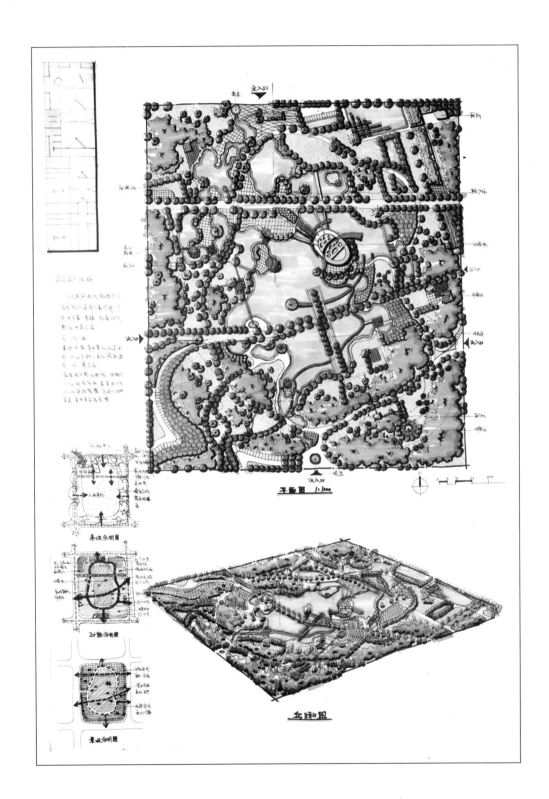

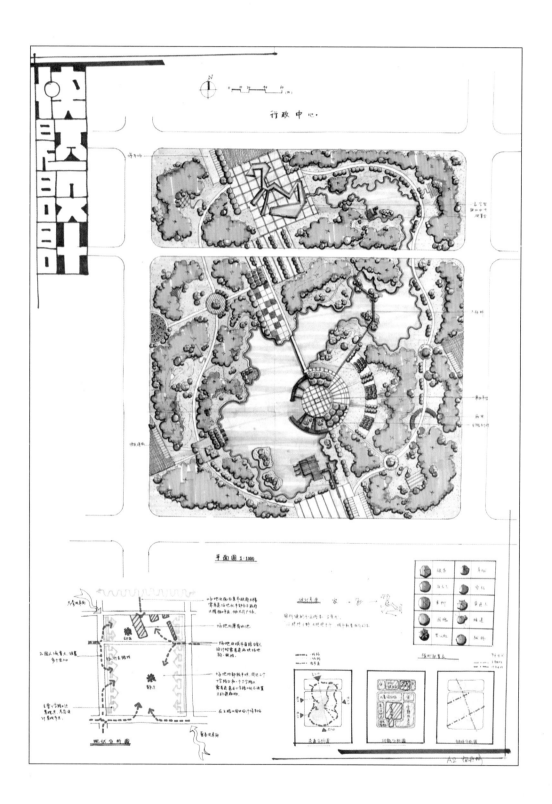

图纸信息

作者：杨丹琪

表现方法：钢笔＋马克笔

比例：1：1000

时间：6小时

作品评析

优点：该方案骨架清晰明了，大胆运用了不规则和放射式构图，空间类型比较丰富；水体驳岸设计丰富多样，满足了不同游人的不同使用需求。

缺点：方案构图过于均衡，未突出重点；交通体系、一级休憩场地的体系层次过于简单，还需进一步深化；道路尺度失真。

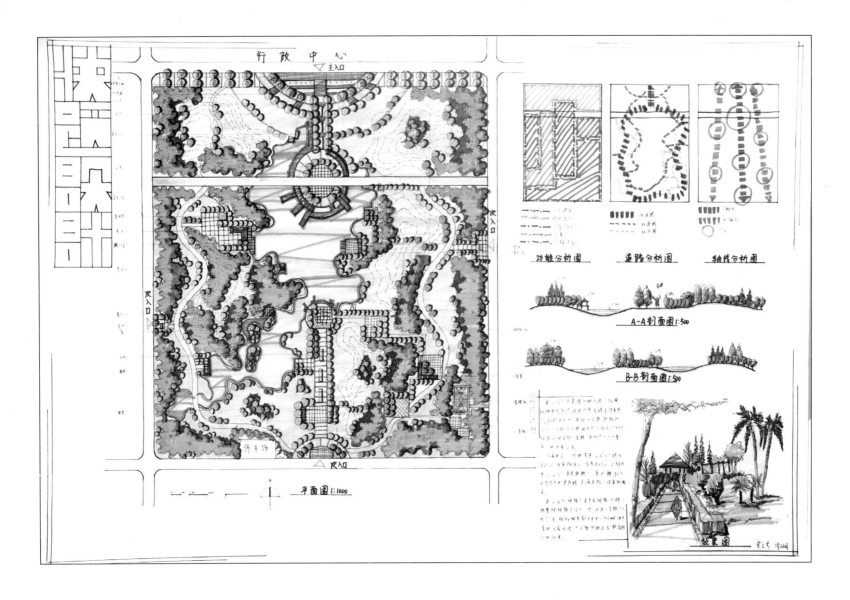

图纸信息

作者：宋文芳

表现方法：钢笔＋马克笔

比例：1：1000

时间：6小时

作品评析

优点：该方案结构清晰，整体性较强；总平面的整体效果很好，空间把握较准；景观节点设计深入具体，色彩运用到位；水体驳岸设计丰富，可满足多种人群的活动需求。

缺点：草坪面积过大；水面开合过于平均，缺乏变化；南北轴线过于通透，将基地一分为二，缺乏美感。

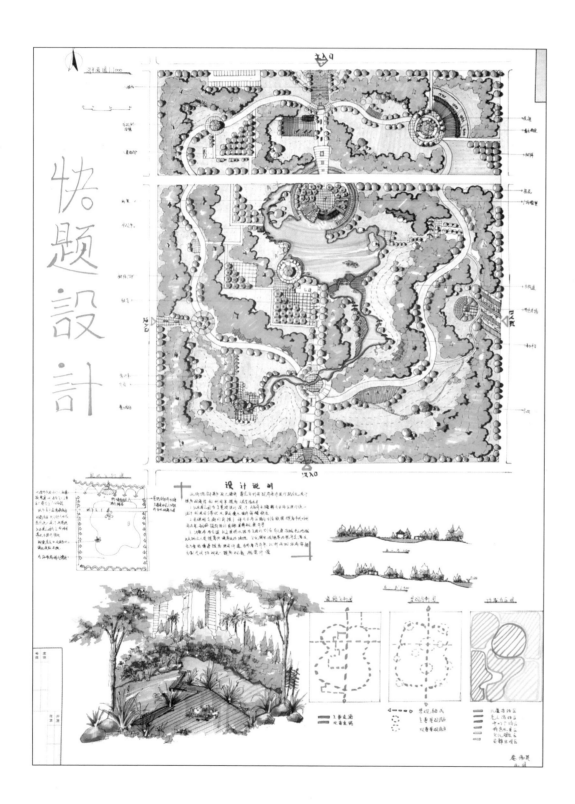

图纸信息

作者：秦伟英

表现方法：钢笔 + 马克笔

比例：1：1000

时间：6 小时

作品评析

优点：该方案以环形道路和水系为主要骨架，南北连成轴系，入口主次分明，结构清晰；竖向设计丰富，营造了大尺度的疏林草地景观。

缺点：水系形式有待推敲；种植设计应加强开合对比，围合出比较强的空间感。

案例九　某城市商业区公园设计

1. 基地概况

基地位于华北某城市中,西南为交通路,东为平安路,南为高新路,面积约为 **4.3 hm²**(如下图所示,图中粗线为边界线)。用地北、东、西三侧均为居民区。北侧隔交通路为居民区,东、西两侧均被商业建筑及居民区围合。场地较为平坦(图中数字为现状高程),基址上没有植物。

2. 设计要求

公园要成为周围市民休憩、活动、交往、赏景的场所。此外,公园为开放性公园,所以不用建造围墙和售票亭等设施。场地合适位置需布置总数为 30 ~ 40 个轿车车位的停车场(可分散设置)。公园中要建造一栋一层的游客中心建筑,建筑面积为 **320 m²** 左右,基本设施有小卖部、茶室、活动室、管理室、厕所等。其他设施由设计者决定。

3. 成果要求

① 总平面图 1:1000(表现方式不限,要反映竖向变化,所有建筑只画屋顶平面,植物只表达乔木、灌木、草地、针叶、阔叶、常绿、落叶等植物类型,有 500 字以内的表达设计意象的设计说明书)。

② 鸟瞰图(表现形式不限)。

③ 分析图若干。

④ 剖面图 2 幅。

⑤ 局部种植设计图。

4. 时间要求

设计时间为 6 小时

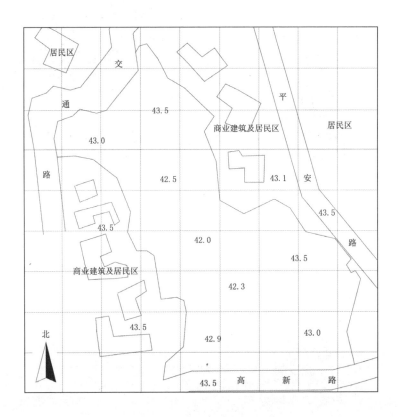

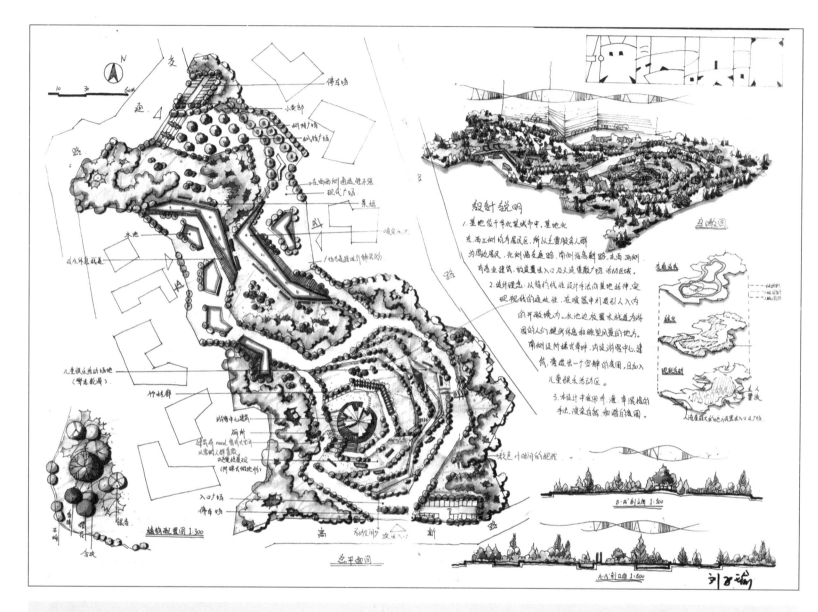

图纸信息

作者：刘子瑜

表现方法：钢笔＋马克笔

比例：1：1000

时间：6小时

作品评析

优点：该方案以环形主路和水系为骨架，大胆采用自然式布局，整体景观结构感较强，空间类型丰富；水体驳岸设计丰富，景观形式多样，水体与道路结合，曲折有致，相互呼应。

缺点：该方案水面略大；广场处理过于简单，节点分割略显细碎；主干道突出不够，主次干道略显混乱。

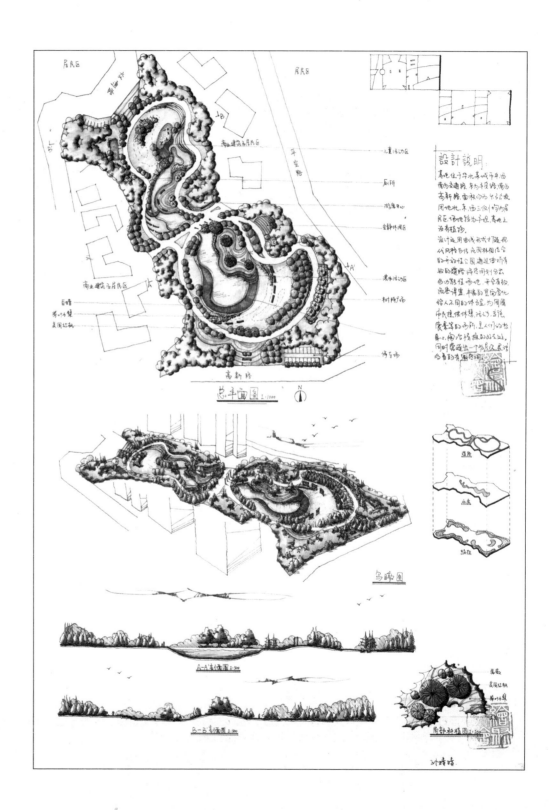

图纸信息

作者：孙晴晴

表现方法：钢笔＋马克笔

比例：1：1000

时间：6小时

作品评析

优点：该方案形式新颖；环形主路与周边场地形式结合紧密；环路布置流畅；节点形式与场地线形结合紧密。

缺点：该方案节点形式缺乏变化；节点内部缺乏休憩设施；注意强化入口处理。

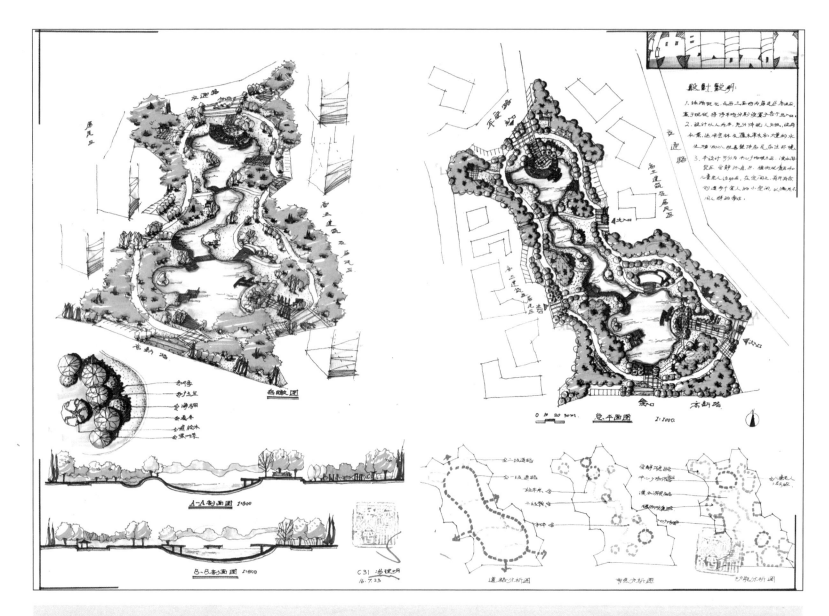

图纸信息

作者：冯理明

表现方法：钢笔＋马克笔

比例：1：1000

时间：6 小时

作品评析

优点：该方案环路形成完整的交通；出口位置合理；水系形式优美，水边景观布局丰富，形成了良好的滨水景观；鸟瞰图空间感强。

缺点：该方案环路缺乏张力，过于平直；节点形式处理过于单调乏味。

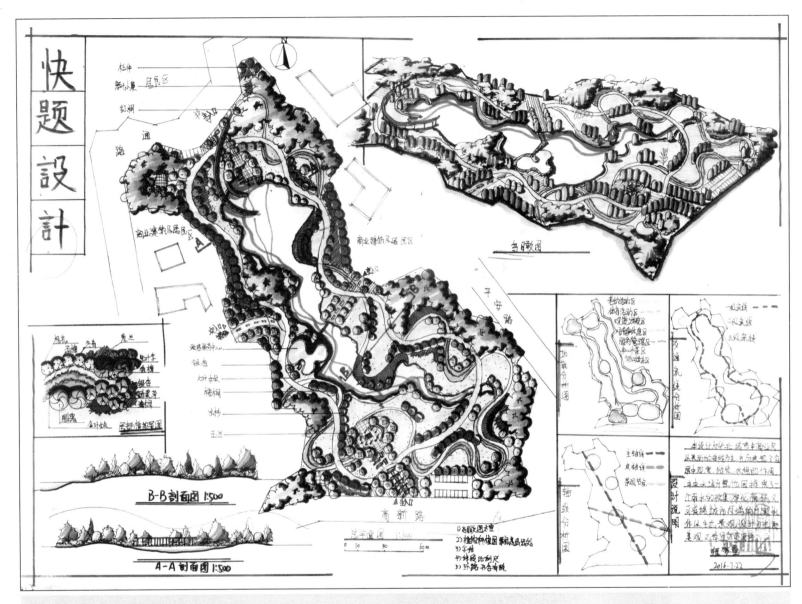

图纸信息

作者：雍梦莹

表现方法：钢笔＋马克笔

比例：1：1000

时间：6小时

作品评析

优点：该方案场地内部以自然式布局为主，环路形成完整的道路系统；节点形式丰富；场地下半部曲线形式变化丰富。

缺点：该方案主干道环路缺乏变化与张力，过于平直；鸟瞰图周边场地需加入，增强空间感。

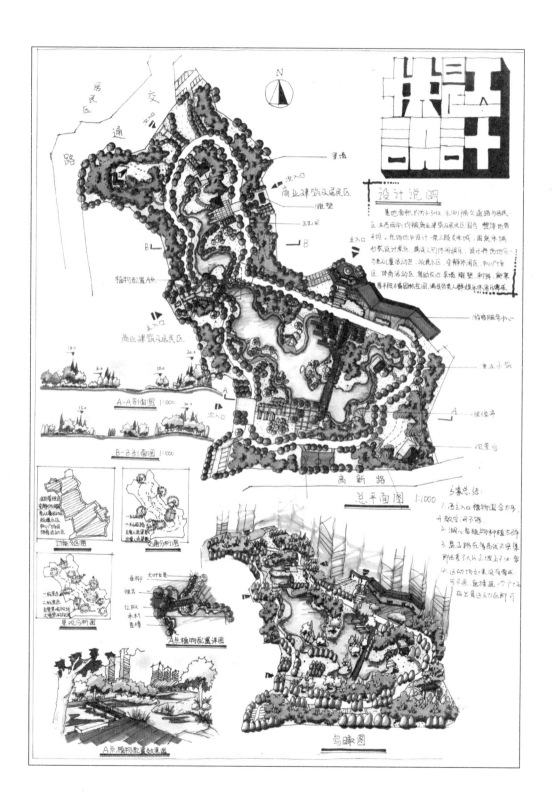

图纸信息

作者：陈友倩

表现方法：钢笔＋马克笔

比例：1：1000

时间：6小时

作品评析

优点：该方案以自然式为主，采用混合式布局形式；中心水域形式优美；水边景观丰富。

缺点：该方案道路系统形式方案感欠缺；道路系统形式与周边场地线形结合度不够；广场等节点形式与周边线形缺乏结合。

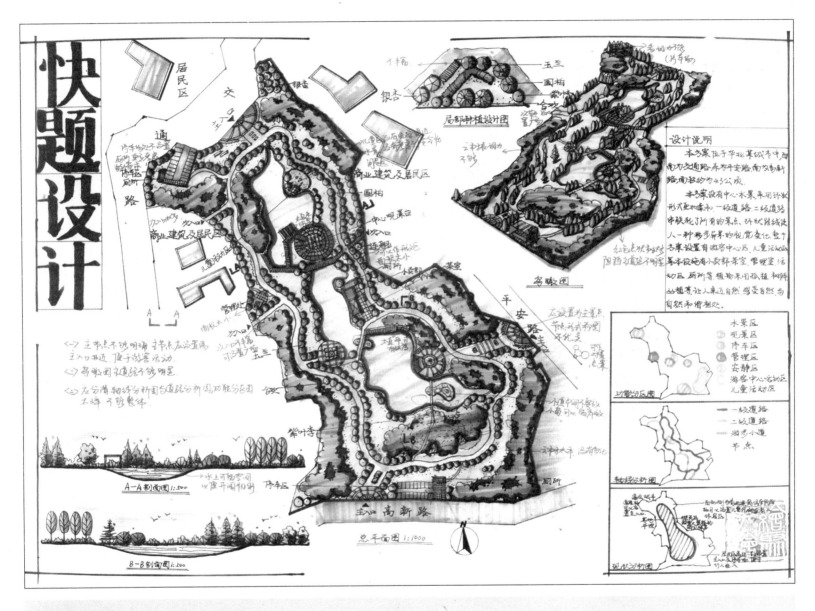

快题设计

图纸信息

作者：肖桦

表现方法：钢笔＋马克笔

比例：1：1000

时间：6小时

作品评析

优点：该方案自然式布局形式；中心水域形式优美；水边景观丰富；水面有分有合形成景深。

缺点：该方案水面分割略显平均，未有突出的大水面和小水面的对比；鸟瞰图空间感丧失，周边场地现状丧失。

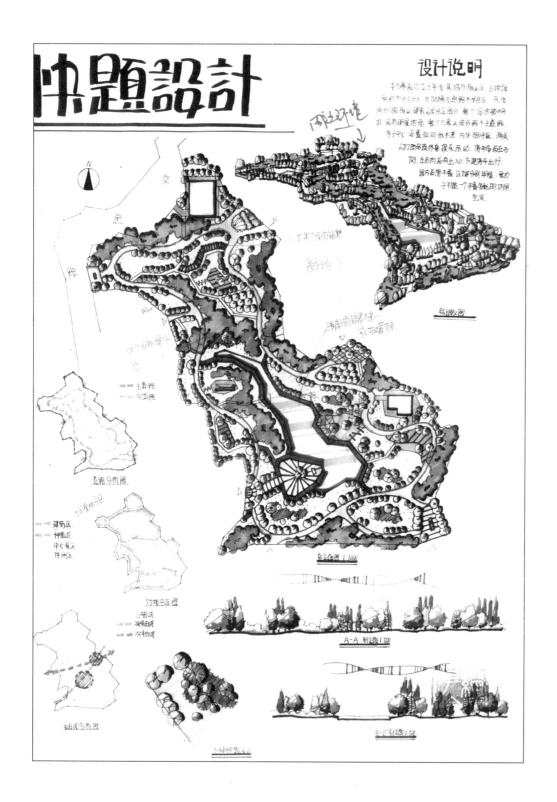

图纸信息

作者：王慧祯

表现方法：钢笔＋马克笔

比例：1：1000

时间：6小时

作品评析

优点：该方案呈自然式布局形式；以曲线形式过渡，再到折线，对线形的过渡形式掌控良好；场地空间丰富；出入口位置选择合理。

缺点：该方案水面缺乏分割，未有突出的大水面和小水面的对比；鸟瞰图空间感丧失，周边场地现状丧失；此外，分析图绘制不够细致。

案例十 某城市开放公园方案设计

1. 基地概括

本地块属于城市建成区域内的一块改造地段，基地西侧相望为一居住小区，南侧为城市道路，面积约 **42 000 m²**。侧边建筑可拆除（具体见右图）。

2. 设计要求

① 尽可能利用现状地形及周围环境条件，规划方案要做到既符合城市形象需求，同时又具有现实开发的可行性。

② 功能合理，环境优美，并能够体现时代气息及地方文化特色。

③ 营造舒适、美观的环境氛围，满足各类人群的休闲游憩、活动的需求。

④ 公园入口自定，需在东侧居住小区设置步行桥梁设置，位置根据现状自定。

⑤ 其他规划设计条件满足公园设计规范。

3. 图纸要求

① 总平面图，比例自定。

② 分析图若干。

③ 整体鸟瞰图。

④ 两幅剖立面图。

⑤ 经济技术指标。

⑥ 设计说明。

4. 时间要求

设计时间为 6 小时

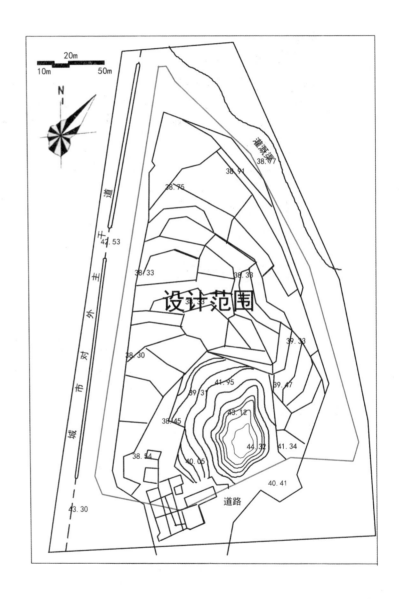

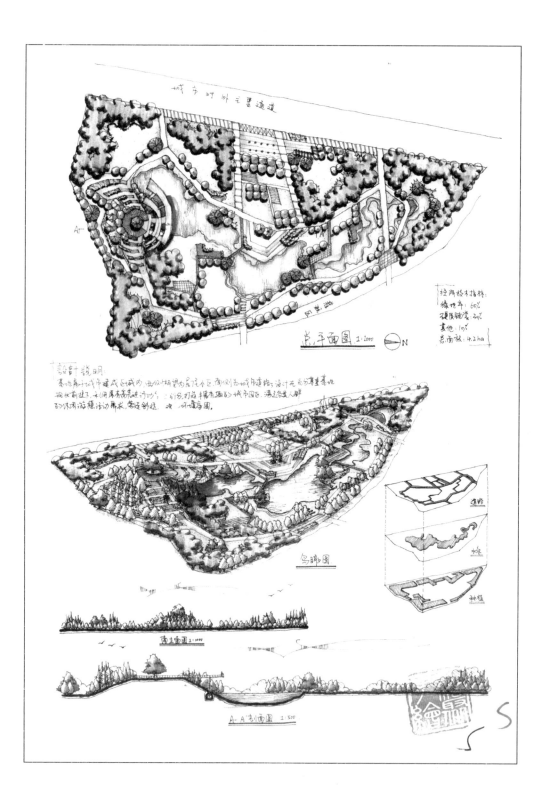

图纸信息

作者：孙晴晴

表现方法：钢笔＋马克笔

比例：1：1000

时间：6小时

作品评析

优点：该方案整体布局合理，画面色彩协调；左侧地形处理形式美观，形成了良好的景观；中心水面优美，水面驳岸处理丰富，滨水景观丰富；入口处理丰富。

缺点：该方案滨水空间缺乏地形分割，过于开敞空旷；休憩设施缺乏。

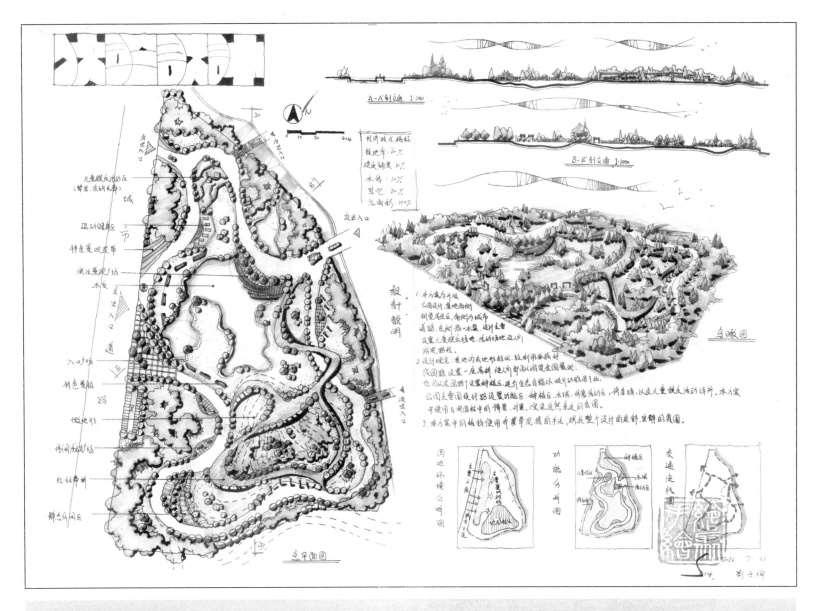

图纸信息

作者：刘子瑜

表现方法：钢笔＋马克笔

比例：1：1000

时间：6小时

作品评析

优点：该方案整体呈自然式，曲线形道路线形流畅，与周边场地结合紧密；中心水域形成良好的滨水景观；鸟瞰图空间感强烈。

缺点：该方案缺乏微地形对空间的分割和围合；中心水面附近过于开敞，缺乏分割，空间感不强。

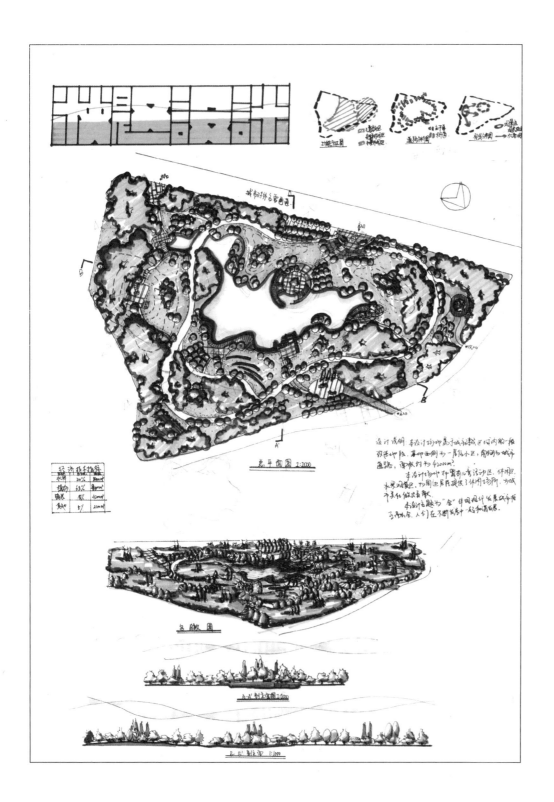

图纸信息

作者：张幸幸

表现方法：钢笔 + 马克笔

比例：1：1000

时间：6 小时

作品评析

优点：该方案整体采用自然式布局；中心水面形成中心水景；植物空间围合感强。

缺点：该方案入口形式处理不丰富；主入口到主节点的过渡形式欠缺变化；鸟瞰图中云树遮盖太多，场景缺失。

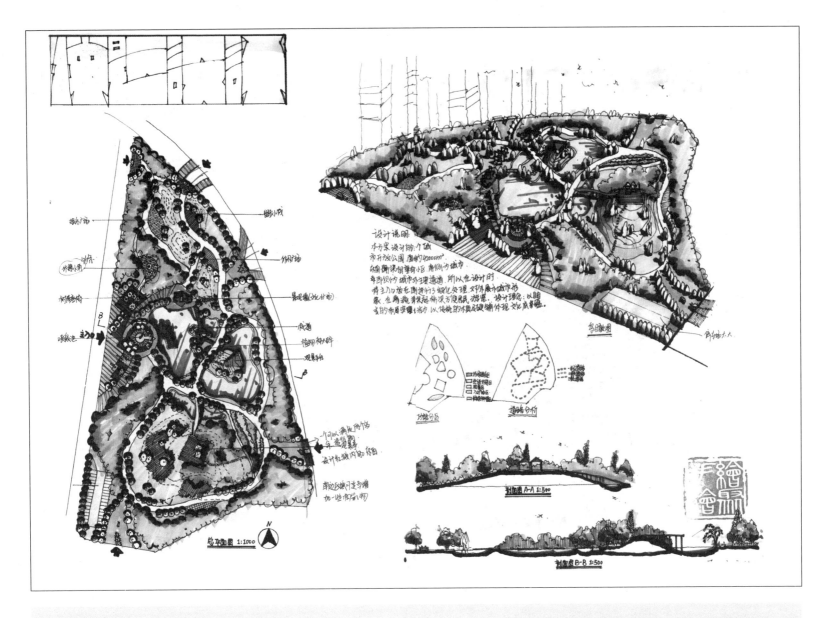

图纸信息

作者：刘晓彤

表现方法：钢笔＋马克笔

比例：1：1000

时间：6小时

作品评析

优点：该方案整体布局合理，画面色彩协调；道路系统丰富，场地可达性很强，形成了良好的滨水景观。

缺点：该方案左侧布局中为与自然式充分结合，形式上略显生硬；分析图需加强。

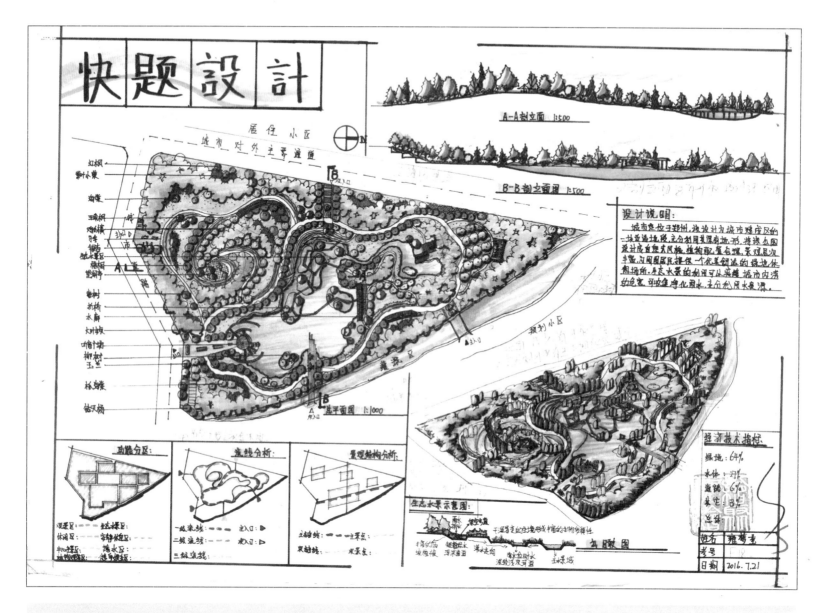

图纸信息

作者：雍梦莹

表现方法：钢笔＋马克笔

比例：1：1000

时间：6小时

作品评析

优点：该方案整体布局合理，画面色彩协调，形成了良好的景观；中心水面优美，水面驳岸处理丰富，滨水景观丰富；入口位置合理。

缺点：该方案出入口处理过于单调；场地左侧地形未结合方案设计；方案周围植物围合太满。

图纸信息

作者：侯思雨

表现方法：钢笔 + 马克笔

比例：1：1000

时间：6小时

作品评析

优点：该方案整体布局合理，画面和谐；出入口位置合理，道路系统完整；中心水面形成了良好的水景观。

缺点：该方案出入口处理过于单调；场地左侧地形未结合方案设计；方案周围植物围合太满；节点形式和空间感缺乏设计感。

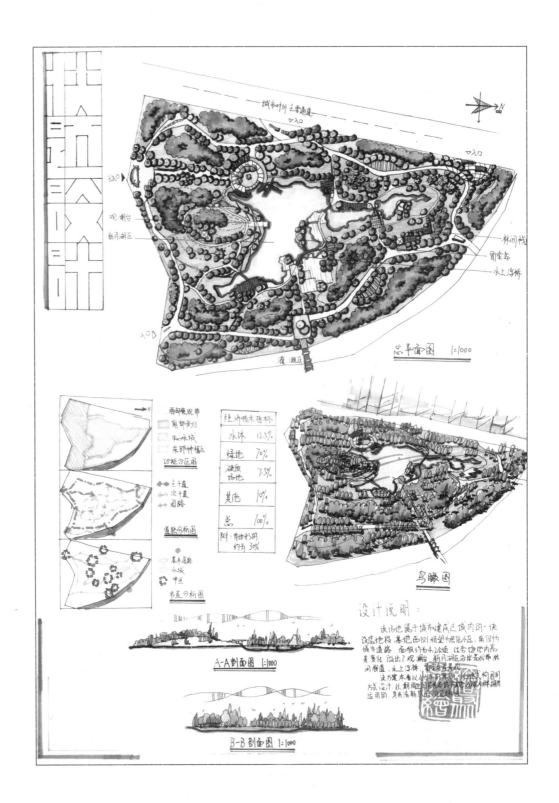

案例十一　湖滨公园设计

1. 基地概况

华北地区某城市中心有一面积为 **60 hm²** 的湖面，周围环以湖滨绿带，整个区域视线开阔，景观优美。近期拟对其湖滨公园的核心区进行改造规划。改区位于湖面的南部，范围如图，面积约为 **6.8 hm²**，核心区南临城市主干道，东、西两侧与其他湖滨绿地相连，游人可沿道进入，西南端为现代风格的主入口，建筑不需改造，主出入口（在给定图纸外）与公交车站和公园停车场相邻，是游人主要的来向。用地内部地形有一定地形（如图所示），一条为湖体补水的引水渠自南部穿越，为湖体常年补水，渠北有两栋古建需要保留，区内道路损坏较严重，需重建，植被长势较差，不需保留。

2. 设计要求

① 核心区用地性质为公园用地，设计应符合现代城市建设和发展的要求，将其建设成为生态健全、景观优美、充满活力的户外公共活动空间。为满足居民日常休闲活动的需求，该区域为开放式管理，不收门票。

② 区内休憩、服务、管理建筑和设施参考《公园设计规范》的要求设置。区域内绿地面积应大于陆地面积的 **70%**，园路及铺装场地面积控制在陆地面积的 **8%~18%**。管理建筑面积应小于总面积的 **1.5%**，游览、休息、服务、公共建筑面积应小于总用地面积的 **5.5%**。

③ 设计风格、形式不限。设计应考虑该区域在空间尺度、形态特征上与开阔湖面的关联并具有一定特色。地形、水体、道路均可根据需要决定是否改造，无硬性要求，湖体常水位高程为 **43.20 m**，现状驳岸高程为 **43.70 m**，引水渠常水位高程为 **46.40 m**，水位基本恒定，渠水可引用。

④ 为形成良好的植被景观，需选择适应栽植地段立地条件的适生植物。要求完成整个区域的种植规划，并以文字在分析图中概括说明（不需要图示表达），不需列植物名录，规划总图只需要反映植被类型（指乔木、灌木、草本、常绿或阔叶等）和种植类型。

3. 图纸要求

① 总平面图（1:1000）。

② 分析图若干。

③ 整体鸟瞰图。

④ 剖面图 2 幅（比例自定）。

⑤ 局部植物种植图（比例自定）。

⑥ 设计说明文字不少于 **200** 字。

4. 时间要求

设计时间为 **6** 小时

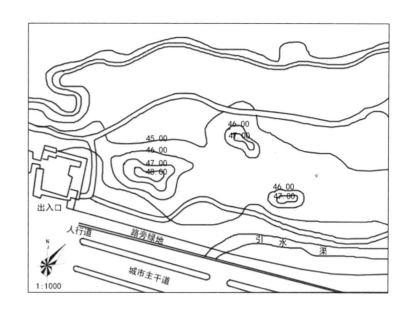

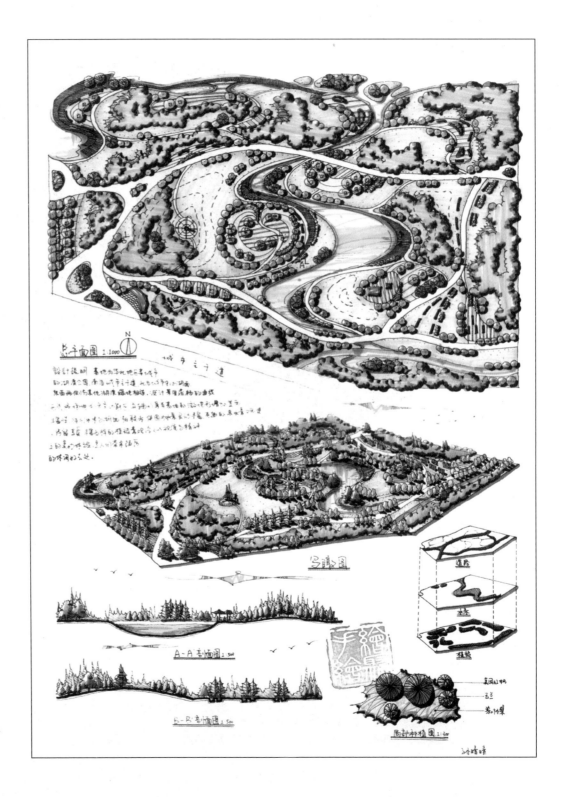

图纸信息

作者：孙晴晴

表现方法：钢笔 + 马克笔

比例：1：1000

时间：6 小时

作品评析

优点：该方案整体采用自然式布局，线形优美，与周边场地结合紧密；中心水域及驳岸设计都与环路曲线形式结合紧密，整体形式统一；鸟瞰图表达细致，空间感强烈；分析图形式新颖。

缺点：该方案动态空间丰富，但是缺乏休憩设施；原保留建筑在方案设计中未予体现。

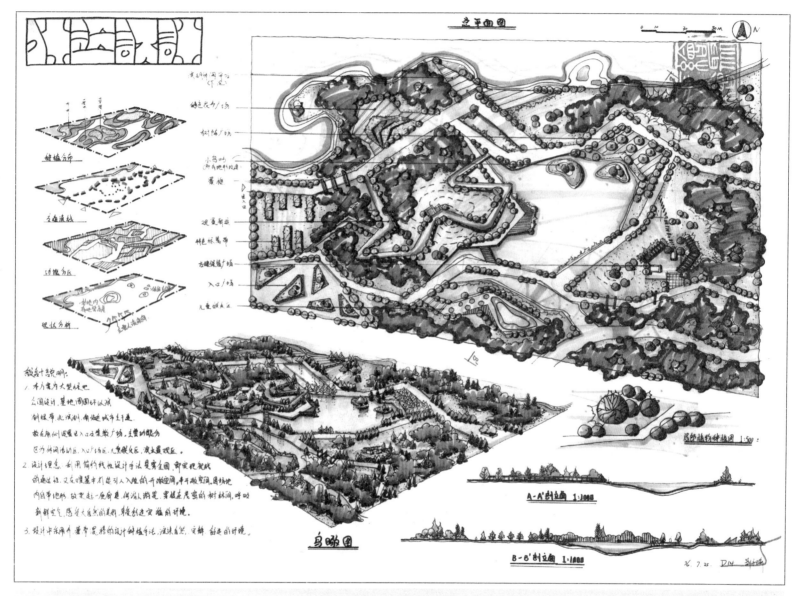

图纸信息

作者：刘子瑜

表现方法：钢笔＋马克笔

比例：1：1000

时间：6小时

作品评析

优点：该方案整体采用自然式布局，折线线形优美，与场地的曲线过渡自然；中心水域及驳岸设计都与环路曲线形式有过渡形式，方案整体形式统一；鸟瞰图与分析图表达细致，空间感强烈。

缺点：该方案动态空间丰富，但是缺乏休憩设施；总平面图需要把周边场地现状加上。

图纸信息

作者：张雅静

表现方法：钢笔＋马克笔

比例：1：1000

时间：6 小时

作品评析

优点：该方案整体采用自然式布局，形成完整的道路系统；线状水系贯穿全园，形成了良好的水景观。

缺点：该方案滨湖水景缺乏，节点形式与场地结合不够紧密；分析图表达不够细致。

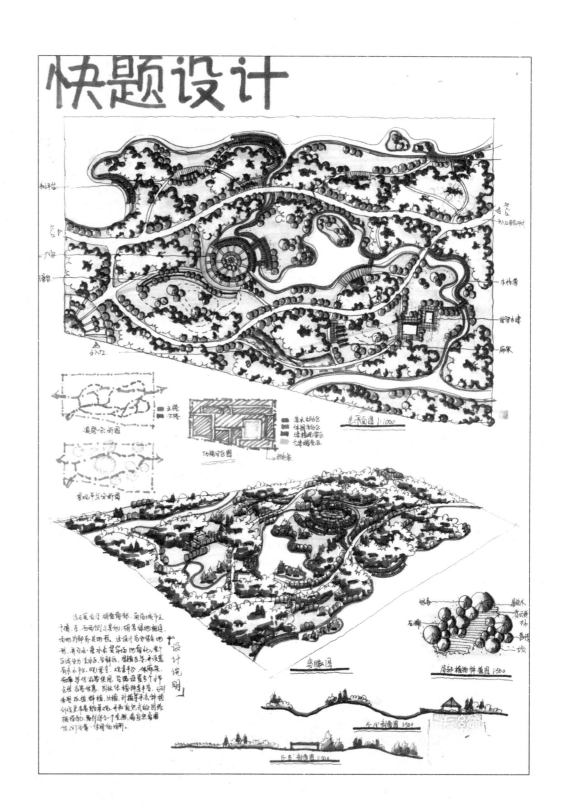

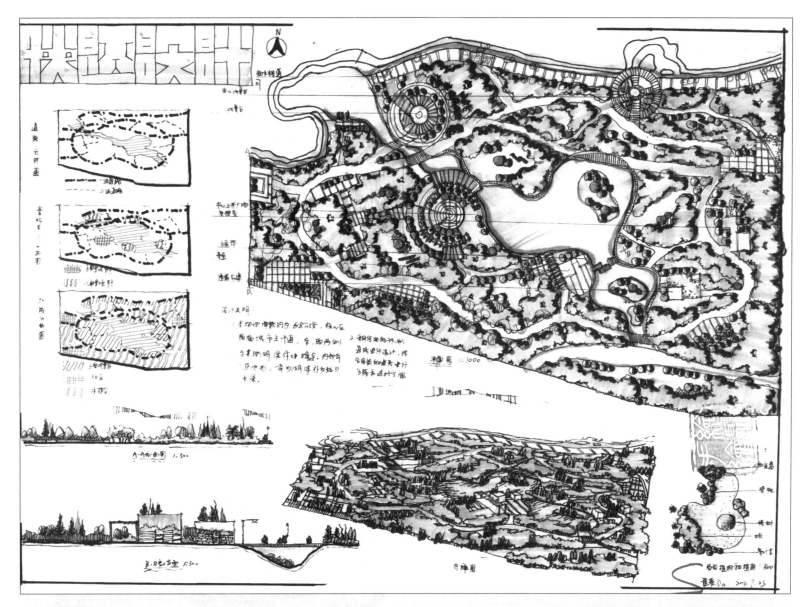

图纸信息

作者：程聪
表现方法：钢笔＋马克笔
比例：1∶1000
时间：6小时

作品评析

优点：该方案整体布局合理，形成了丰富的滨水景观；出入口设置合理，道路系统通畅。
缺点：该方案滨湖包边式道路过于生硬，场地内部节点形式与入口广场形式与场地线形结合不够，规整式的节点和入口形式过于单调。

图纸信息

作者：赵文婧

表现方法：钢笔＋马克笔

比例：1∶1000

时间：6 小时

作品评析

优点：该方案整体以自然式布局为主，局部采用规整式，布局形式合理；出入口位置选择合理；植物色彩协调。

缺点：该方案左侧入口形式过于单调；一条直线与主节点结合过于生硬，对场地的自然式布局形式有所破坏；滨水道路缺失，良好的滨水景观未给予利用。

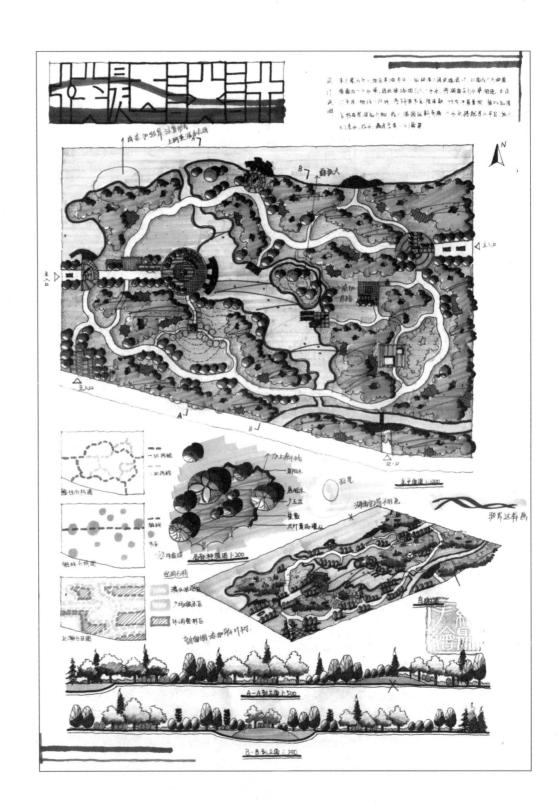

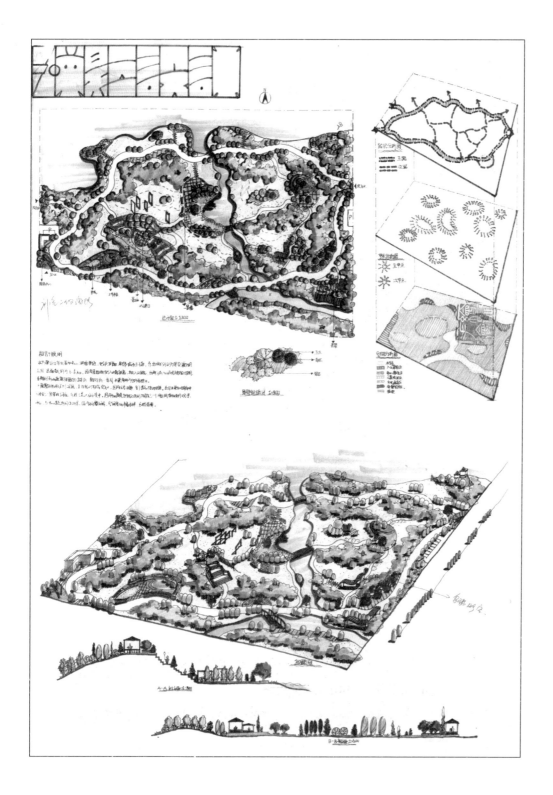

图纸信息

作者：娄丽娜

表现方法：钢笔＋马克笔

比例：1∶1000

时间：6 小时

作品评析

优点：该方案整体采用自然式布局，环线道路形成闭合式，道路系统完整；充分结合地形布置景观；滨水景观形式丰富。

缺点：该方案道路曲线过于呆板，缺少变化，缺乏张力；原有保留建筑利用不够充分，形式不够美观。

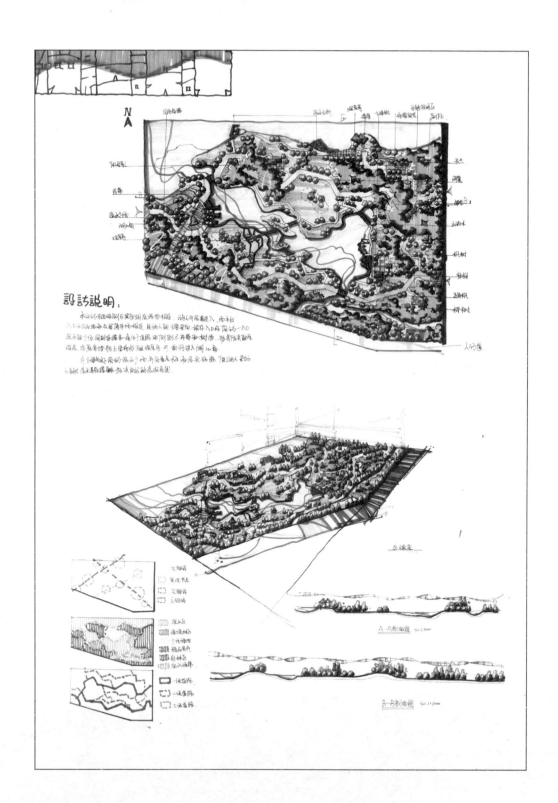

图纸信息

作者：段紫钰

表现方法：钢笔＋马克笔

比例：1：1000

时间：6小时

作品评析

优点：该方案整体布局合理，色彩和谐，折线式环路线形优美，与周边场地结合紧密；中心水域及驳岸设计都与环路曲线形式结合紧密，整体形式统一；鸟瞰图表达细致，空间感强烈。

缺点：该方案入口处水系开设过大，活动空间缺乏；剖面形式过于单调，缺乏层次感。

第五章　快题基础及表达突击

Basis of Fast Design and Strengthening of Expression Skills

- ◆快题基本工具介绍及应用
- ◆配景训练
- ◆快题图面表达方式总结
- ◆上色训练

一、 快题基本工具介绍及应用

景观快题基本工具包括：针管笔、油性笔、美工钢笔、平行尺、自动铅笔、马克笔、彩铅等。以下着重介绍最常用的彩铅和马克笔的特性。

1. 彩铅介绍

（1）彩铅的特性

无论是快速表现、概念方案还是精致的成品效果图，运用彩铅不失为一种简洁方便、易于掌握的优秀表现方法。它们是蜡基彩铅，不像石墨铅笔那样反光、防潮，而且不会褪色，在不同的纸张上会产生不同的肌理效果。不过由于彩铅画笔一般用于表现细节，使用时比较耗时。

目前市场上彩铅的牌子比较多，较为常见的牌子有德国的"辉伯佳"、中国台湾的"雄狮"等。现在彩铅大多为水溶性彩铅，即彩铅画好以后，使用"水和毛笔"着色可产生富于变化的彩色效果，颜色可混合使用，产生水彩一样的彩色效果。另外，与马克笔结合使用效果最好。

（2）彩铅技巧

彩铅是手绘表现中最常用的表现工具。彩铅最大的优点是对画面中细节的处理，如灯光的过渡、材质的纹理表现等，另外引起颗粒感强，对于光滑质感的表现稍弱，如玻璃、石材、亮面漆等。

（3）笔触与力度

笔触的方向尽量保持统一，笔触方向稍微向外倾斜，保持形式美感。用色准确，下笔果断，加强力度，拉开明暗对比，用力较重会使图画比较粗重、色彩比较饱满，用力较轻可以使色调与纹理混合搭配比较细腻，但画面容易发灰，偏浅。

（4）色彩丰富

第一，注意色彩之间的过渡，选用一种色调之后，效果图中的每一个物体都要重复用它，并且足以影响画面中的色彩关系。

第二，使用对比色来活跃画面，比如在绿树上稍加一些橙色或给黄色沙发加一个紫色的抱枕，在天空中加入一些橙色，学会用冷暖关系相互衬托的表现方法装饰画面，增加细节。适当用沉稳的颜色来过渡冷暖色。

第三，除了直接为原作着色以外，还可以将画面复制到硫酸纸上，并在反面着色，最终的图画不仅保留了清晰的墨线图，而且画面

色彩相当柔和。彩铅还可以运用于有纹理的纸张上。

2. 马克笔介绍

马克笔是各类专业手绘表现中最常用的画具之一，马克笔颜色鲜亮而透明，溶剂多为酒精和二甲苯，颜色易附着于纸面，颜色可以多次叠加。马克笔的优点在于：它是一种快速、简单的渲染工具，使用更方便，而且其颜色保持不变，且可以预知。对于表现奇特的创意和大胆的构思时，马克笔是首选的工具。

马克笔的缺点在于：无法限定和保持清晰的边缘，在快速表现中，色彩依附于形体，所以用墨线适当地补充马克笔的效果，强化形体的轮廓。马克笔不能完美地表现所有的材质，例如在表现粗糙材质或过渡灯光时，就需要彩铅来弥补这一缺点。马克笔的色彩不宜调和，在调和叠加的时候还需注意用笔的轻重缓急。另外，注意色彩的属性，切勿混淆色彩的冷暖属性等，使画面变脏。目前市场上有很多马克笔的牌子，在这里我们列举几种常见的牌子供大家参考。在购买马克笔的时候要观察它的笔头，一般优质的马克笔笔头制作精细、比较硬朗，用手去捻不会有太多的水渗出，出水均匀，没有刺鼻的气味，颜色和显示的型号相符合。

二、 配景训练

（1）植物表现

植物表现是景观手绘中最重要的内容，同样也是初学者最不容易掌握的内容，因为植物比较复杂，特别是乔木，种类繁多。另外，初学者对树木的轮廓结构缺乏一定的了解。首先大家应该明确一个概念，在快速表现中对植物特别是树的表现应该是概括的，我们不能像风景写生中那样紧扣一棵树的细节，每棵树的局部也不放过，这与快速表现背道而驰。所以我们现在的目的就是要快速、简洁、准确地表现植物，将常用的树形进行归纳，让初学者更加容易上手。

要点

首先我们应归纳几种常用的树形，可分为规则与不规则树冠形态。

虽然这些属性可以归纳成几何形态，但是必须要注意，画出来的这些树形不应给人以太沉重、毫无生气的感觉。事实上，即便是一棵

总体看上去像球形的树，通常在处理上围绕着球体的轮廓进行线条的凹凸穿插，线条的松紧，疏密组织。对于初学者而言，心中尚未建立树的概念时，先打铅笔稿，然后逐步进行刻画。最后，要注意所画的每棵树的外轮廓及外形的比例一定要正确。

对于景观手绘表现来说最重要的是学会正确地表现树形轮廓的方法，特别是每棵树独有的特征，如果掌握了这一方法，你的景观树形最终是令人信服的。

马克笔基础讲解（图 5-1）。

植物分形演变（图 5-2）。

前景植物画法（图 5-3）。

配景植物画法（图 5-4）。

常用植物（图 5-5）。

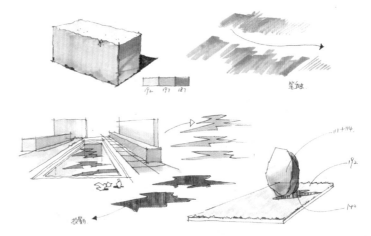

图 5-1 马克笔基础讲解（徐志伟绘）

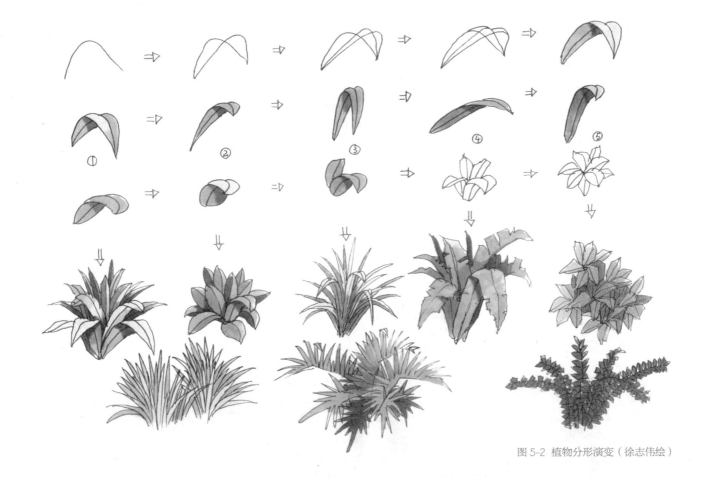

图 5-2 植物分形演变（徐志伟绘）

图 5-3 前景植物画法（绘聚手绘教师作品）

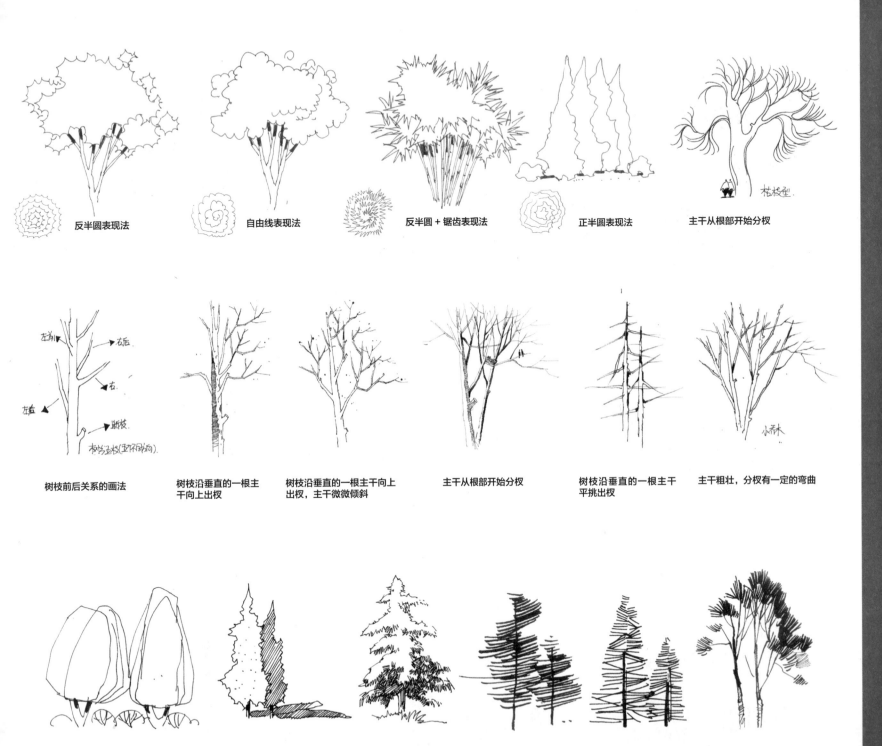

反半圆表现法　　自由线表现法　　反半圆＋锯齿表现法　　正半圆表现法　　主干从根部开始分权

树枝前后关系的画法　树枝沿垂直的一根主干向上出权　树枝沿垂直的一根主干向上出权，主干微微倾斜　主干从根部开始分权　树枝沿垂直的一根主干平挑出权　主干粗壮，分权有一定的弯曲

图 5-4 配景植物画法（绘聚手绘教师作品）

166 140 38

192 187 28

图 5-5 常用植物（绘聚手绘教师作品）

（2）石头表现

国画中说："石分三面"。意思是说把石头视为一个六面体，勾勒其轮廓，将石头的左、右、上三面表现出来，这样就有立体感了。另外，将三个面区分明确，然后再考虑石头的转折、凹凸、厚薄、高矮、虚实等，下笔时要适当地顿挫曲折，所谓下笔便是凹凸之形。在平时的练习中，可以借鉴国画的画石方法，简洁、概括而又有神韵。另外，也可多找相关的参考资料，练习用不同的笔触表现质感（如图5-6所示）。

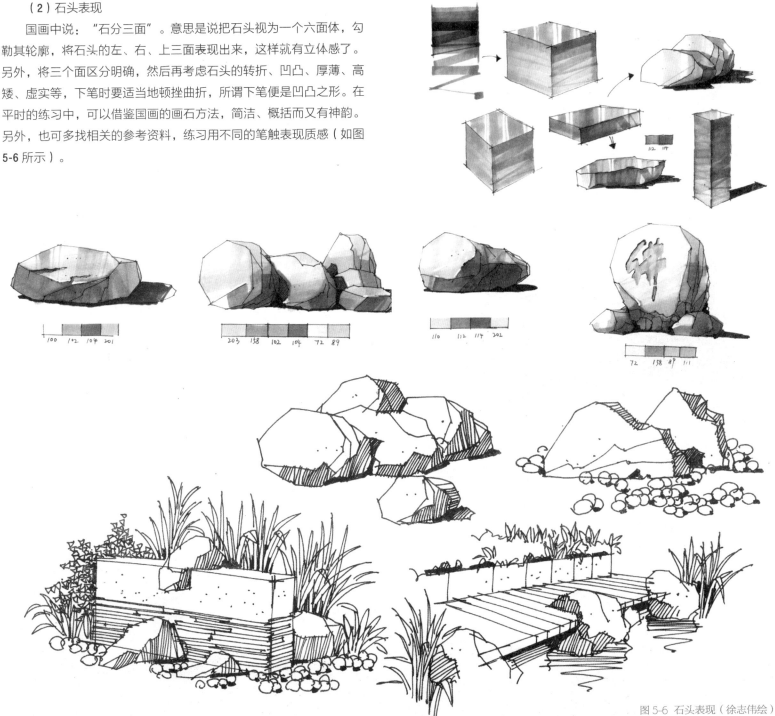

图 5-6 石头表现（徐志伟绘）

（3）水体表现

水体通常包括湖、河塘、叠水、喷泉，从另一方面来看水体不能孤立地观察和描画，在水体旁边往往衬有其他的景物，因此，在表现水体时不必做太多的刻画，注意留白，着重刻画周围的衬景来表现水的质感。水通常是蓝色的，因为总是反射蓝天，表现水域不能机械地用马克笔，可以适当地结合彩铅表现。另外，水体是一个反射的面，水不要画得过多，要适当地留白，加强明暗对比，并赋予柔和的色彩，即能表现水体。另外表现一个特殊的水景效果最好多找一些参考的图片（图5-7）。

图 5-7 水景表现（徐志伟绘）

（4）人物表现

在手绘快速表现中，如果能将人加入其中，那么画面会更加生动，真实许多，虽然人并不好画，但是只要我们善于观察和多多练习，人是可以画好的。在快速表现中，只要表现大概的人物动态，人物与环境的比例尺度关系适当即可，书中不提倡将人画得过于细腻与精致。以下列出几种程式化的人物，画出姿态比描述准确更加重要，形象不必具有很强的立体感，有图案或剪影效果即可，但是必须栩栩如生，形式大胆、轻快（图5-8）。

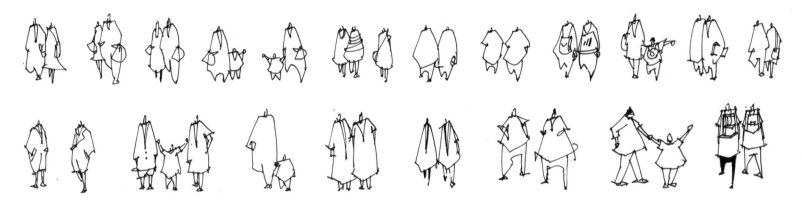

图 5-8　人物表现（李国胜绘）

三、快题图面表达方式总结

1. 总平面图

总平面图是园林要素在平面上的垂直投影，它可以表现物体的尺寸、形状、色彩、高度、光线及物体间的距离。绘制总平面图的意义在于集中体现形式构图、空间布局、交通关系、植被、水体的布局以及对尺度的把握，反映了一个设计师的基本素养和设计思路。

在快题设计中，总平面图设计是最重要的部分，它占的图幅最大，分值往往占一大半。考官在阅卷时，首先关注的便是总平面设计。因此，绘制好总平面图是成功的关键。

（1）平面表达符合比例

在设计和表现时，所绘制的景观元素一定要符合试题要求的比例，否则会直接影响考官对图纸的第一印象。尤其是植物树冠的大小，因为植物在平面上所占的比重最大。比例尺的问题值得关注，一般快题设计常用的比例是1：200、1：300、1：500、1：1000。每个不同比例的平面图绘制的深度是不一样的。

1：200是微型绿地常见的平面图比例。这种比例的图纸要求画面刻画得比较精致，例如园路和广场要有一定的铺装样式，道路要画出道牙线；植物不宜出现大片树林，以散植景观和小片灌木丛为主，乔木下面的灌木、绿篱、地被应表现出来，不宜出现大草坪；水景以小型规则式水池为主，水池要用双线表现出池壁，水体要用钢笔或者马克笔刻画出波纹、倒影等。不宜出现大型和综合的园林建筑，花架、亭子的数量也不宜太多，而花钵、花池、景墙、景观柱这样的园林小品则需要绘制出来（图5-9）。

1：300是小型绿地常见的平面图比例。这个比例的方案重在结构清晰，其次才是细节的刻画。园路和广场要有简单的铺装样式，植物以小片树林和散植景观树为主，在主要景点的园林树下可以适当表现灌木、绿篱等；水景可以采用水池加上带状水系的方式，形式可以曲直结合；园林建筑以亭子、花架为主，可以设计组合景墙（图5-10）。

1：500是中型绿地常见的平面图比例。这个比例的图纸景点较多，路网复杂，刻画时要分清主次。园路和广场的铺装简单，园路

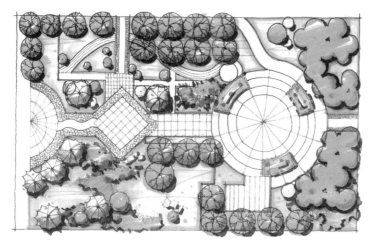

图 5-9　1：200 平面图表现（张业江绘）

和广场的边缘可以用单线条表示；植物以大片树林和散植景观树为主，常设计大草坪，灌木、地被通常不表现；水景大多为水面，形状以自然式为主，局部采用规则式；园林建筑以亭子、花架为主，可以有大型景墙，花钵、景观柱、座椅这样的小品和设施无需表现出来（图5-11）。

1：1000 是大型绿地常见的平面图比例。这种比例的图纸重点考察的是园林的布局和结构，整个图面见到最多的就是大片的树林和草坪，以及少量散植的景观树。公园出入口有专门的停车场，园路可以没有铺装样式，简单以色彩表现，主要园路可以用行道树强化。园林建筑种类多样，例如茶室、多功能中心、管理用房、公厕、商店、亭子、

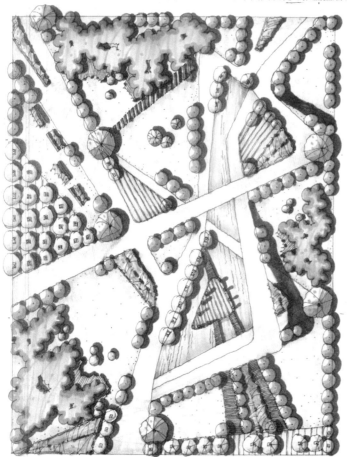

图 5-10　1：300 平面图表现（孙晴晴绘）

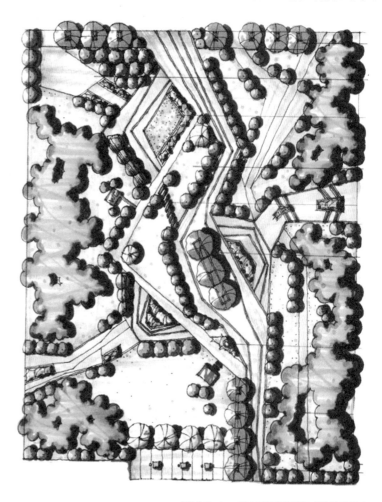

图 5-11　1：500 平面图表现（孙晴晴绘）

花架等，其他园林小品由于尺度较小，已经无法表现出来。总平面图经常会有大型水体，形状以自然式为主，水体内可以设计人工岛，岸边需设计若干码头（图5-12）。

（2）布局结构明确、表达清晰

园林结构设计的关键是有效地调节控制点、线、面等结构要素的配置关系，具体表现为对设计中的道路、场地、建筑、水体等各要素进行安排，合理地组织空间。

平面设计过程中的重要任务就是确定点、线、面基本元素的构成与组合。合理的平面布局结构能够直接勾勒出景观的内容，使阅图者很容易地看懂景观设计的具体形象。

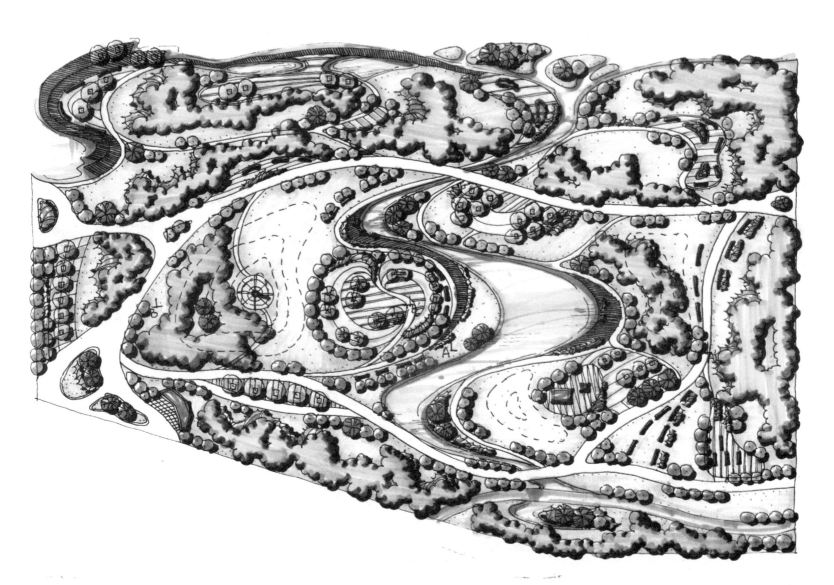

图5-12 1：1000平面图表现（孙晴晴绘）

现代园林追求简洁的均衡构图。在平面图设计中要注意点、线、面组合中的大小、疏密、方圆、长短的自由构成，做到景点主次分明，路网等级清晰。否则，如果平面图给人一种很混乱的感觉，那么后面的设计内容老师是很难再细心看下去的。

（3）表达符合规范，没有漏项

设计应符合规范，这是基本原则，例如指北针、比例尺、剖面符号、等高线、粗细线、阴影等的表达应符合相关规范（图 5-13）。尤其是在绘制园林建筑的时候，一定要熟练掌握建筑设计规范，使园林建筑具有合适的尺度和体量。

（4）平面的色彩搭配

色彩对于景观设计是很重要的，场地、软硬度、空间环境等各种因素的表现，以单独的墨线是很难有效地表达设计意图的。园林平面图的表现方式是钢笔墨线结合彩铅、马克笔的色彩表现图。在平时的训练中，应加强马克笔的色彩运用训练，可以从临摹开始，找到自己最擅长的配色风格，标记常用马克笔的色号。

成熟的色彩搭配颜色应当有主次之分。在色相上，多数色彩属于同一个色系或者接近一个色系，个别色彩比较跳跃，可用来突出重点。一张好的图深浅的色阶应该拉得比较大，对比度强，素描关系好。但是阴影不能用纯黑色，为了能够压得住图，可以使用一些深色代替黑色。对于平面图来说，植物色彩的选择非常重要。一般植物在平面图的用色上以绿色为主，对于需要重点描绘的单体树可以选用紫色或橘黄色来突出其表现力，但一张图中不宜选用过多的颜色，颜色过多容易失去统一感（图 5-14、图 5-15）。

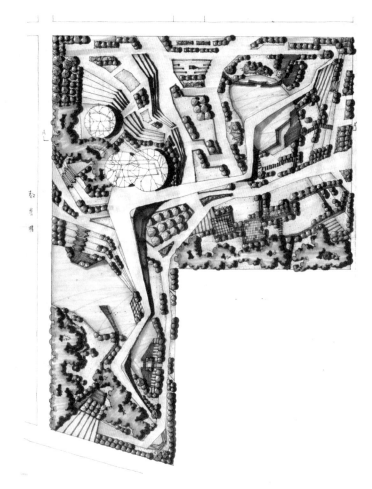

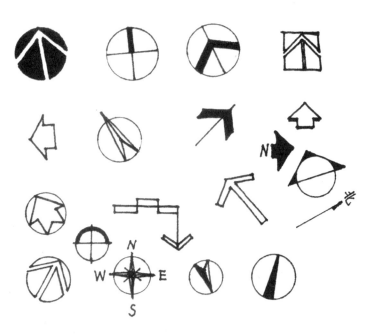

图 5-13 指北针示意图（苏月荷绘）

图 5-14 蓝色系色彩搭配（孙晴晴绘）

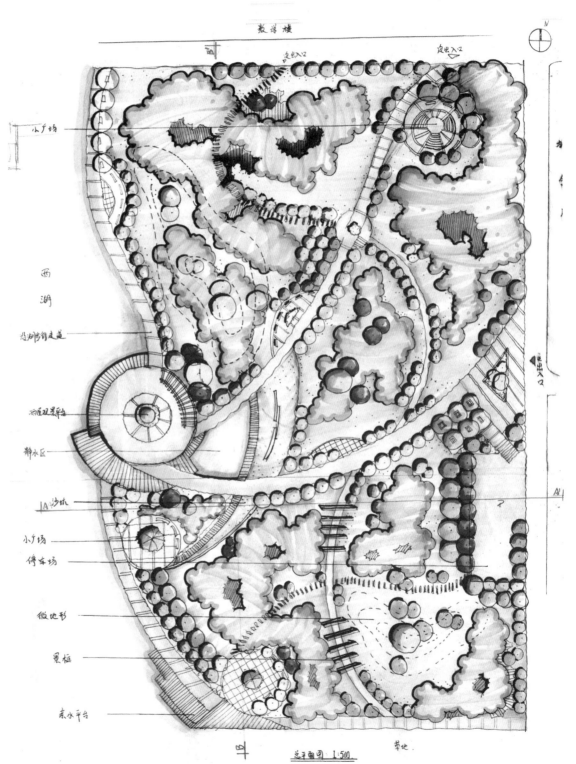

图 5-15 灰色系色彩搭配（刘子瑜绘）

2. 平面图

此处平面图主要介绍组成景观快题中总平面图的各节点、建筑、植物单体等的表现方法（图 5-16、图 5-17）。

（1）建筑物平面

以下列举的是几种屋顶的平面样式。在平面图上，建筑的轮廓应该是清晰明确的，并且绘制精确，通过加强建筑物明暗面的纹理来突出其立体效果。

图 5-16　景观要素平面表现一（徐志伟绘）

（2）植物平面

常用的树型的平面图案非常多，我们可以根据画面的需要进行选择，图案要繁简结合，不要过于拘泥于细节。

（3）灌木平面

在平面图中，灌木通常表现为块状图案。它与乔木平面图案的画法是一样的，根据大小、比例在平面图里绘制轮廓即可。

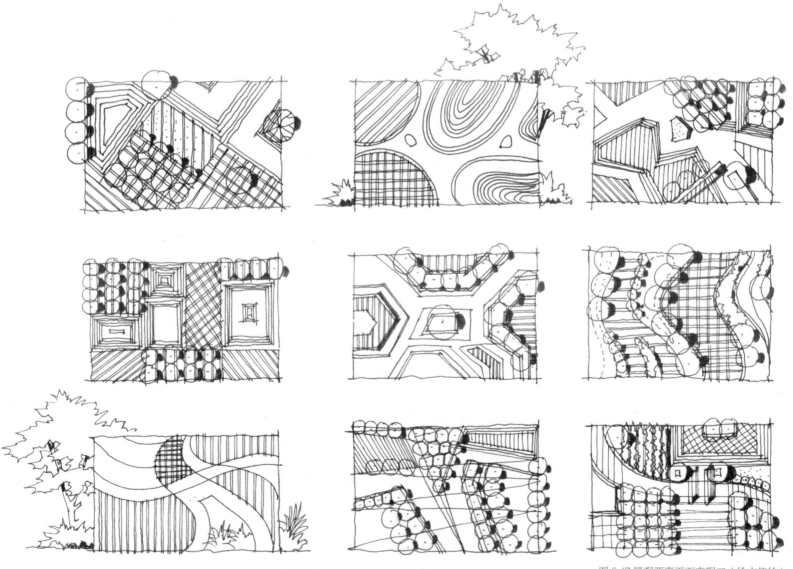

图 5-17 景观要素平面表现二（徐志伟绘）

3. 剖立面图

景观的剖立面图主要反映标高变化、地形高差处理以及植物的种植特征。平面图往往不能完整地表达设计细节，通过剖面图可以更好地展示设计者的思路。为了节约时间，避重就轻地选择最简单的剖面图是最不明智的。建议选择最具代表性和竖向变化最丰富的景点绘制剖立面图，以展示自己的基本素养。平时要注意收集剖面类型，例如道路断面，驳岸、喷泉水景、小广场剖面等，熟记一些常见的剖立面

景观元素，例如各种形态的树木的表达、各种水景的立面表达、园林建筑的立面表达等。绘制剖面图应注意加粗地平线，在平面图上画出剖切符号，被剖的建筑、树木、花池等也要用粗线表示，一般还需要标注标高。常见的尺寸要记牢，例如靠近亲水平台地点的水位高度，距离水底一般不超过 75 cm，室外台阶的高度一般为 15 cm，栏杆的高度一般为 90 cm，花架的高度为 3 m 左右（图 5-18）。

为了突出剖面图的效果，除了表现地形变化以外，最好还能表现

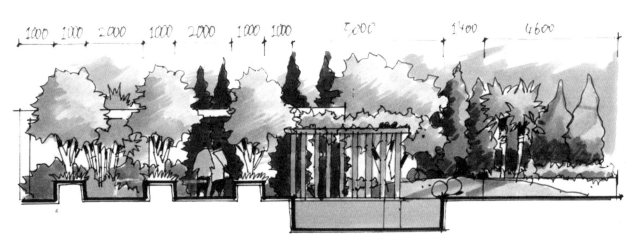

图 5-18 剖面图表现一（徐志伟绘）

一定的园林建筑或构筑物，如剖面图均是绿色植物，则显得没有特色。
当然，如果为了优化剖面图，而使局部无法与平面图对照时，不需要
再回过头调整平面图。毕竟快题设计仅能达到概念设计的程度，只要
与平面图出入不大即可。剖面图上色时要注意按照主次和前后关系的
顺序，尤其不能忽视通过虚化的手法或者线条来表现背景（图 5-19）。

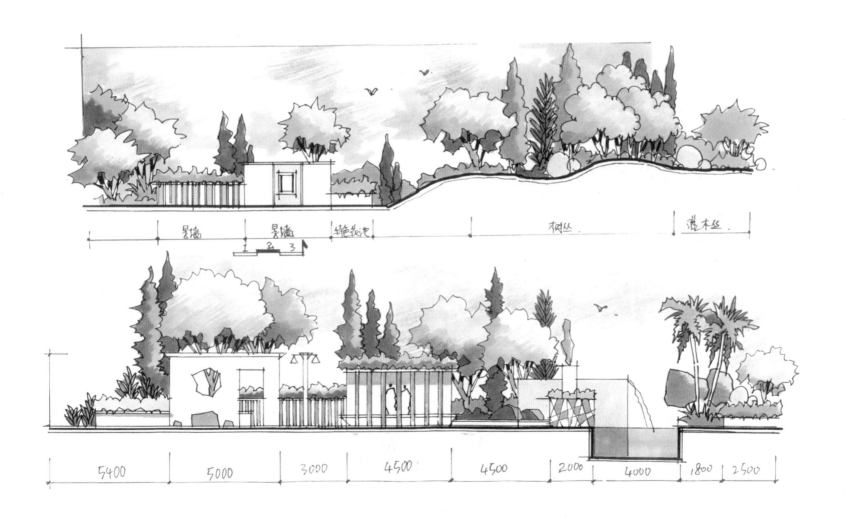

图 5-19　剖面图表现二（路瑶绘）

4. 透视图、鸟瞰图

在园林快题考试中，透视图与鸟瞰图往往是必考内容之一。透视图或者鸟瞰图的绘制离不开线描表现。钢笔线描能够自由地表达作者的构思创意，通过线条清晰、准确地表现形体空间和光影质感等，为效果图着色打下基础。可以说手绘效果图的独特魅力在很大程度上取决于钢笔线条白描的表现。因此，考生首先应打好钢笔线描的基础，掌握用钢笔表现造园素材的技巧。从近几年的考题中可以发现，园林快题考试往往要求绘制鸟瞰图，因为相比透视图来说，鸟瞰图能更好地表达场地的整体布局，也能够表达设计意图。在分值的分配中，鸟瞰图成为除了平面图以外分值最高的一项，其重要性不言而喻，因此考生要关注鸟瞰图的学习。

（1）透视图

透视图是用笔准确地将三度空间的景物描绘到二度空间的平面上，使人看图时产生身临其境的感觉（图 5-20）。园林透视图所表现的对象主要是树木花草、景墙照壁、园路和园林建筑物等（图 5-21）。画图的时间与图幅的大小成正比，建议透视图最大画 2 号图纸大小。

图 5-20 透视图表现一（徐志伟绘）

透视图一般有一点透视和两点透视之分。一点透视主要表现场面宽广或有纵深感的空间，但是由于只有一个灭点，画面表现的局限性比较大，往往显得不够生动（图 5-22 至图 5-25）。相比较而言，两点透视表现的层面较广，角度较多，视觉效果更好（图 5-26—图 5-29）。

对于透视图，立意构思、透视度、色彩明暗是衡量其优劣的关键。绘制透视图时，可以先采用小幅草图来推敲构图、空间层次、明暗关系、

前景、中景、背景，便于在选择视点位置、视线方向以及画面构图时抓住重点，节约时间。园林透视图的构图有一些常用的模式。前景多为树木、草坪、人物等，钢笔线条可以适当少一些，但也要充分表现实物的细节，色彩偏暗。中景往往是水池、广场铺装、人物、小品等，需要较多的钢笔线条来刻画，色彩偏亮。背景是天空、植物、人物等，只要以少许的线条表示轮廓即可，色彩偏灰。

图 5-21 透视图表现二（李国胜绘）

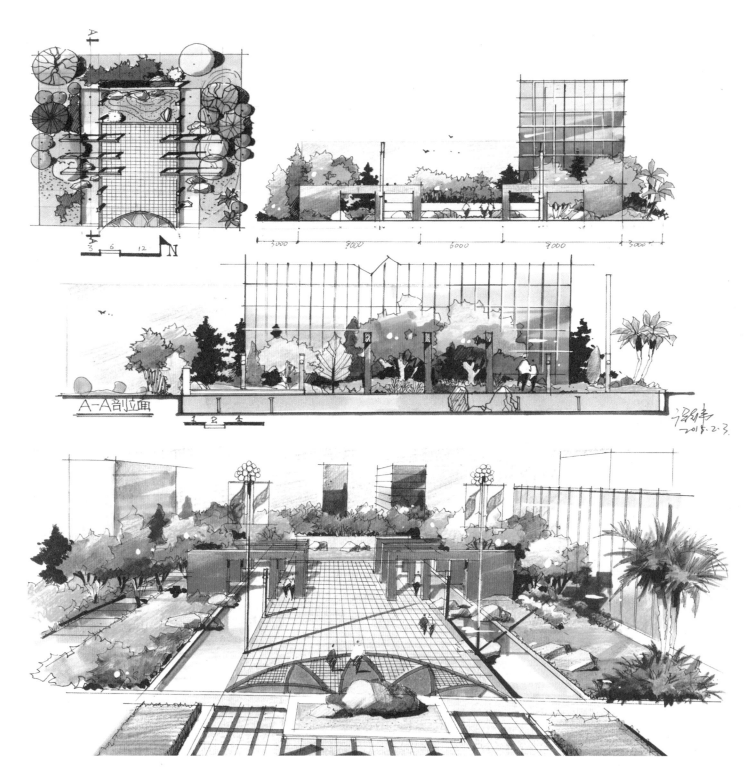

图 5-22 一点透视方案表现一（徐志伟绘）

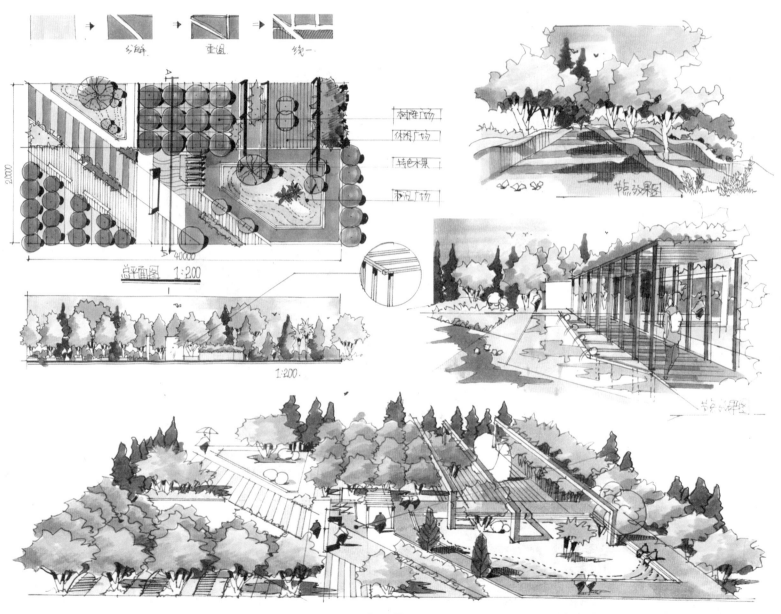

图 5-23 一点透视方案表现二（徐志伟绘）

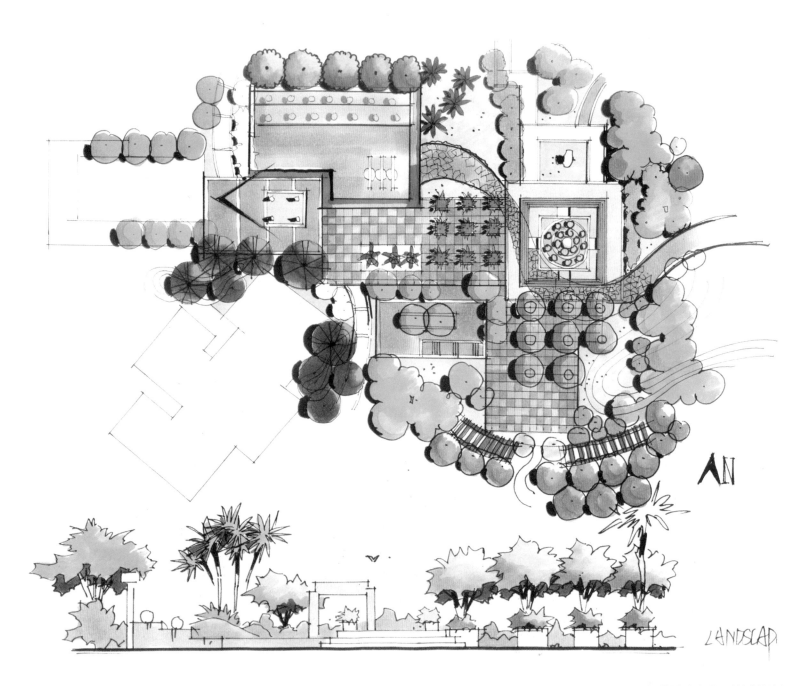

图 5-24　一点透视方案表现三（徐志伟绘）

图 5-25 一点透视方案表现四（徐志伟绘）

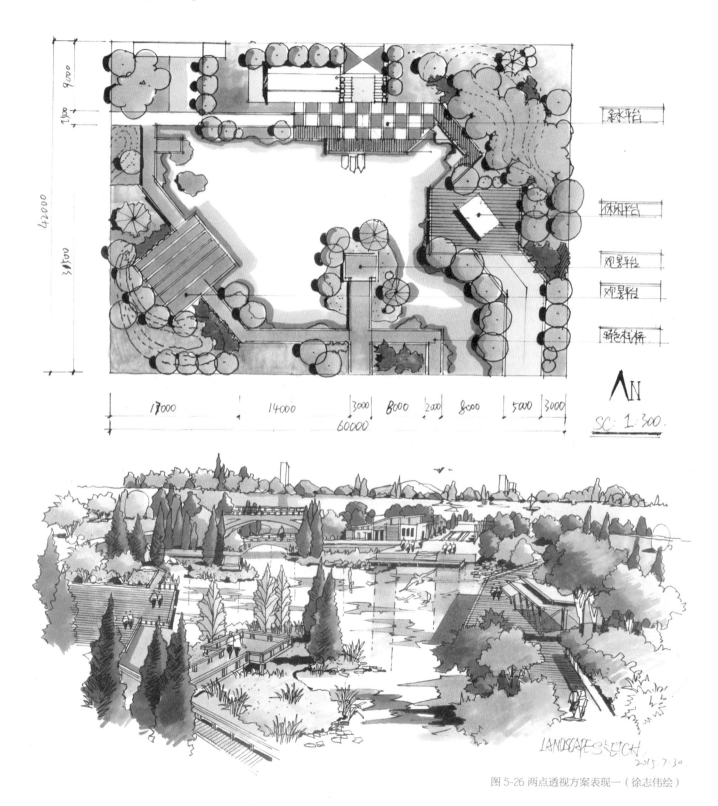

图 5-26 两点透视方案表现一（徐志伟绘）

图 5-27　两点透视方案表现二（路瑶绘）

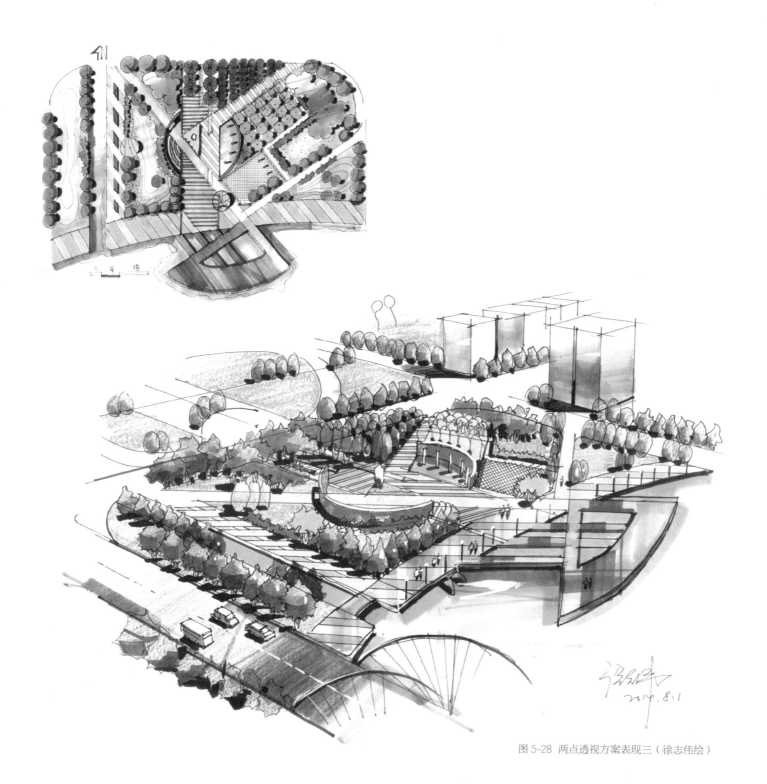

图 5-28　两点透视方案表现三（徐志伟绘）

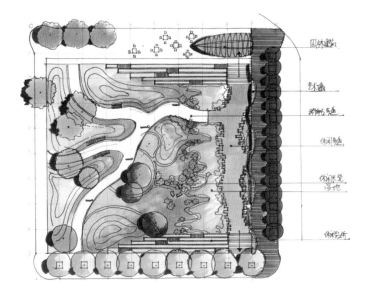

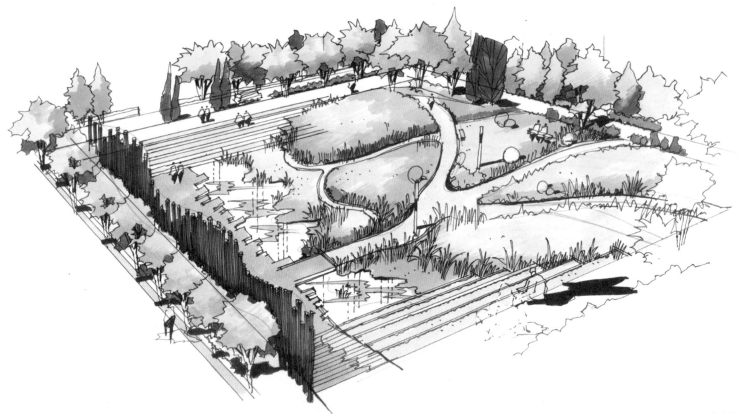

图 5-29 两点透视方案表现四（徐志伟绘）

（2）鸟瞰图

鸟瞰图是用高视点透视法从高处某一点俯视地面起伏状况绘制而成的立体图。园林的鸟瞰图一般以场地的总平面图为依据，全面表达设计的各个细节元素，体现设计的总体效果。

鸟瞰图的绘制一般分为四步：

步骤一：确定鸟瞰图的角度，准确地画出场地轮廓。

在画鸟瞰图时，要将基地的主要场地着重进行表现。因此在选择鸟瞰的角度时就要将主场地放在视点的近处，进行较细致的刻画，次要场地放在远离视点的地方，进行概括的表达。这样一来，在明确主次的同时也可节约时间。

接下来就需要将场地的轮廓以符合透视原理的方式画出来，这一步很重要。在画基地轮廓线的时候，如果基地是长方形或正方形的，应让一个角靠近视点，平面中 90°的直角在鸟瞰图中应画成 120°左右，其他边按照近大远小的原理进行绘制。在这个角度下画出来的鸟瞰图空间感更强，场景更开阔。在实际考试中，基地的轮廓大多为不规则的，那么如何把不规则的轮廓的鸟瞰透视画出来呢？

首先画出一个规则的轮廓，然后在这个轮廓中切割出不规则的轮廓。这一步在鸟瞰图绘制的所有步骤中最为重要，角度选好，基地的透视画准了，鸟瞰的感觉就有了。对于刚学习画鸟瞰图的同学们来说，往往画不准场地的轮廓透视，将近大远小的关系搞错。本步骤的另一个问题是鸟瞰图中的 120°角画不好，往往角度不够 120°，以至于整体的鸟瞰空间感不强。

步骤二：把场地的主要道路、主要广场空间画出来（图 5-30）。

在鸟瞰图的整体表达中，各个部分的表达和刻画是有主次的，尤

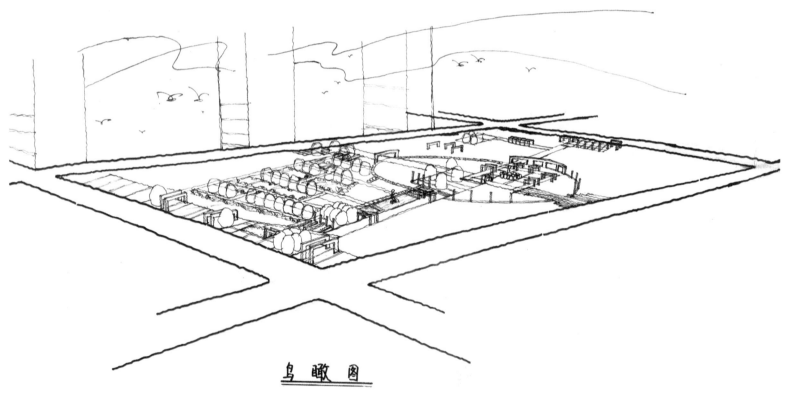

鸟瞰图

图 5-30 绘制场地主要道路、广场（张进杰绘）

其对于面积在 2 hm² 以上的大场地更是如此。为了将整体的结构表达清晰，要先将平面中的道路、主要入口、主要表达的广场、水系等在鸟瞰图中的位置确定下来。其方法有两种：

① 打格子：在平面图和鸟瞰图中都打上同样的格子，一般为九宫格，格子越多，位置定得就越准确。但是毕竟考试时间有限，格子不用打太多，也不必将平面中的所有元素都在鸟瞰图中加以表现，只需要将主要的道路和广场的位置准确确定即可。

② 打米字格：通过打米字格来确定各个空间场地在场地中的位置。这种方式较前一种简便，但位置确定不如第一种准确。建议用第二种方法，因为方便快捷，且适合考试（图 5-31）。主要道路、广场、水系等的位置确定好后，就需要细化这些空间，前面已多次提到，进出口、主要表达的场地元素须刻画得细致些，而远处的场地可以虚化。

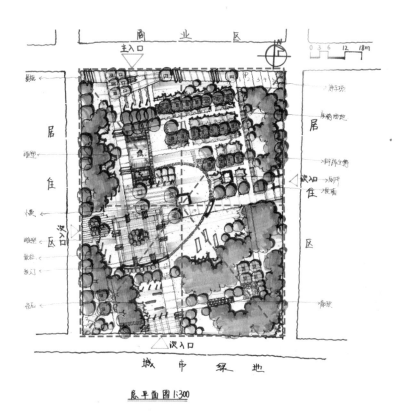

图 5-31　打米字格平面图（张进杰绘）

步骤三：将云树、孤植树、树阵以及其他竖向元素表达出来（图 5-32）

鸟瞰图毕竟是一种三维形式的表达方式，在练习中不少同学画的鸟瞰图立体感并不强，关键就是竖向元素的表达没学好。在所有竖向元素中，云树是最为重要的，尤其是在大场地的鸟瞰中，云树占的面积很大，因此鸟瞰云树的表达就直接影响着鸟瞰图的最终效果。既然云树这么重要，那么应该怎么画效果才好呢？有几点原则大家可以参考一下：

① 云树的体块不宜太生硬，林缘线和林冠线要有变化。

② 云树下层添加灌木层，使整体更丰富。

③ 在云树的后面半遮半掩地画几组树木，前面要有散植的树木，这样立体感更强。

④ 注意留出与云树围合的草坪空间，使鸟瞰空间丰富多样。

孤植树、树阵这些元素在鸟瞰图中必不可少，一般容易出现这样的问题：画出来的鸟瞰图太空。这是因为画鸟瞰图的几个要点没有把握好。在鸟瞰图中，除了少数孤植树外，其他树木最好以成组成丛的形式出现，这样不仅可使图幅丰富，还可使图幅不凌乱。景观柱、廊架、景框等元素同样不可少。它们和云树、孤植树的作用一样，都是为了加强竖向变化，前几种是自然元素，而这些是人工元素，可形成互补。值得注意的是，这些人工元素的阴影要处理好，这样其立体感才会更强。

步骤四：加阴影和上色（图 5-33）。

鸟瞰图中加阴影和上色都是为了能够更好地表达出立体感和空间感。加阴影、上色的最大问题在于对云树的上色，鸟瞰图的阴影一定要加重。笔触应尽量用竖向的，这样可以加强立体感。当然表现手法多样，只要效果好即可。

鸟瞰图的步骤如上所述，在画鸟瞰图时要分流程、分步骤，先铅笔后墨线，先阴影后上色（图 5-34）。此外，画鸟瞰时要画上周边场景，至少要把周围道路的情况表达清楚。正如前面提到的那样，在考试中，鸟瞰图的分值仅次于总平面图，其重要性不言而喻。当然，画好鸟瞰图并不是一件容易事，需要同学们多加练习。备考中，至少两天画一幅鸟瞰图，一天一幅也不为过。

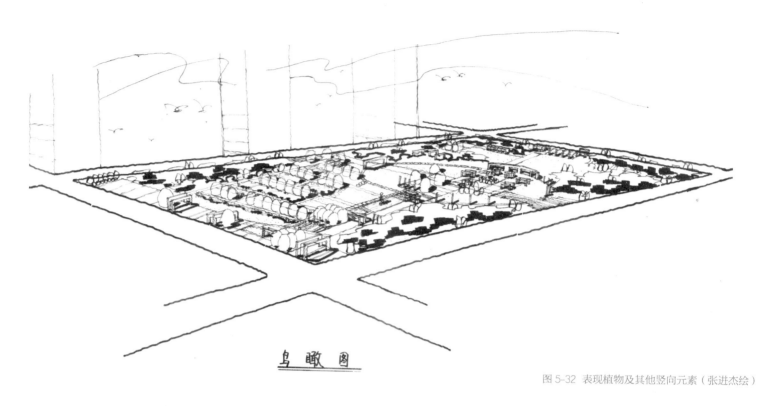

鸟 瞰 图

图 5-32 表现植物及其他竖向元素（张进杰绘）

鸟 瞰 图

图 5-33 添加阴影并上色（张进杰绘）

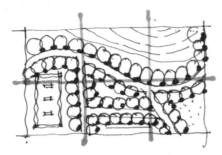
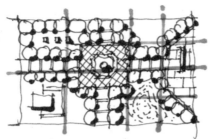

一点透视效果图

网格法：

一点透视、两点透视、平面转透视万能方法

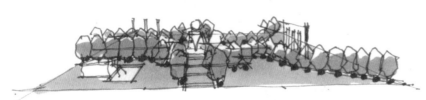

一点透视效果图

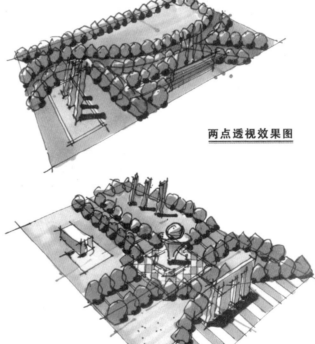

两点透视效果图

两点透视效果图

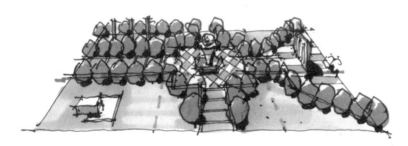

一点透视效果图

平面转透视的方法：

1.画出透视平面
2.找出辅助网格
3.画出基础设施、道路
4.表达植物、园建
5.表达铺装
6.画出所有物体投影，强调道路系统
7.马克笔上色

图 5-34 平面转透视方法（李国胜绘）

5. 分析图

分析图用符号化的语言传递设计思想、表达设计思路，具有清晰、概括地展示方案的作用。景观规划设计当中最常见的分析图包括功能分区图、交通分析图或道路分析图、景观结构分析图等。分析题绘制的原则是醒目、清晰、直观地提炼设计核心，用符号化的语言表现。绘制分析图时，一定要抓住关键条件，有重点地表达。同时，努力通过符号的形式、粗细、色彩的饱和度以及线条的虚实来准确地表达设计的意图。由于图幅有限，一般会在缩小的简易平面图上绘制分析图。需要注意的是简易平面图对准确性的要求不高，只要能表明主要关系即可。

（1）常见分析图符号

分析图通常用简化明了的符号简单地表达设计意图，传达设计的总体思路，具有一目了然的特点。分析图图幅不宜大，以免显得空洞。通常用马克笔直接绘制分析图，用色宜选择饱和度高、色彩鲜艳、对比突出的颜色。分析图根据设计作品的特征和作者传达意图的不同具有不同的类型。

① 活动区域一般用不规则的斑块表示，绘制时注意斑块的形状和大小（图 5-35）。

② 用简单的箭头表示走廊或交通流线，以及出入口位置。

③ 用星形或交叉的形状来表示重要的活动中心、人流的集结地以及其他较重要的节点（图 5-36）。

（2）功能分区图

功能分区图是在平面图的基础上以线框简单地勾画出不同功能性质的区域，并给出图例，标注不同区域的名称（图 5-37）。功能分区

功能区1　　功能区2　　功能区3　　功能区4

图 5-35 功能分区示意图（苏月荷绘）

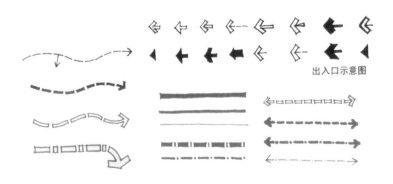

图 5-36 交通流线示意图（苏月荷绘）

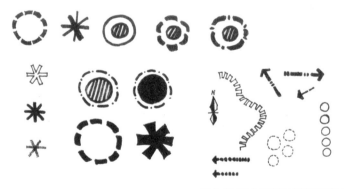

图 5-37 节点示意图（苏月荷绘）

的线框通常为具有一定宽度的实线或虚线，功能区的形态根据表达的意图可以是方形、圆形或不规则形，每个区域用不同的颜色加以区分，为了增强表达效果可以在功能区的内部填充与线框相同的颜色，或者可以用斜线填充。比较常见的功能分区有娱乐活动区、儿童活动区、老人活动区、体育健身区、水上活动区、安静游览区、安静休息区、观赏游览区、园务管理区、文娱教育区、生态休闲区、室外展示区、文化体验区、集会表演区、综合服务区、休闲游憩区、休闲度假区。

（3）交通分析图

交通分析图主要表达出入口和各级道路彼此之间的流线关系。绘制交通分析图应当明确标注基地周边的主次道路、绿地的主次入口、车行道、人行道等各级园路、集散广场以及停车场的位置。一般采用箭头标注出入口，以不同的线条与色彩标注出不同的道路流线，道路用点画线或虚线均可，通常等级越高，线条越粗（图5-38）。

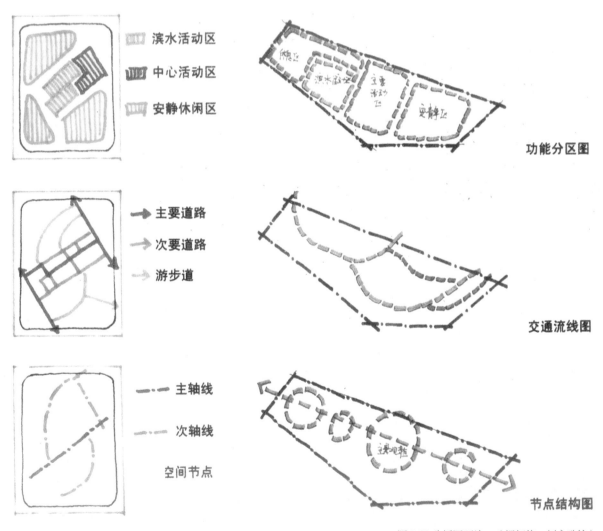

图 5-38 分析图画法一（闫红侠、刘永政绘）

（4）结构分析图

此图主要表现的是景观的布局，以主要景观元素之间的关系，包括景点的组织、景区的划分（如果与功能分区重合，可以不表现）、景观轴线及各级景观节点的确定等。此图可以通过点线面等符号表

达，在规划中常见的表述方法为"几环、几轴、几中心"。如果存在轴线关系，可以用一定宽度的虚线或点画线表示出实轴和虚轴的关系。主要道路用不同色彩的线条来表示，水系用蓝色的线条概略地勾出边线，节点可以用各种圆形的图例来表示（图 5-39）。

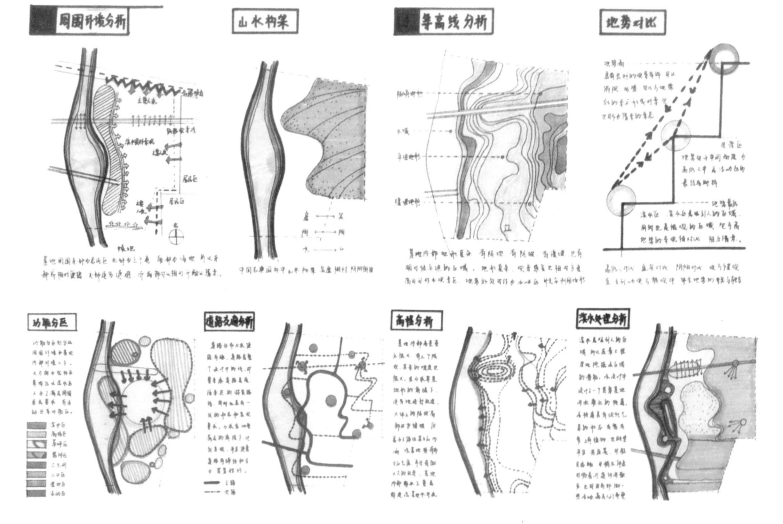

图 5-39　分析图画法二（陈露露绘）

四、上色训练

（1）马克笔景观平面表现

① 宜整不宜碎，强调大块面的"色块"以均匀的平涂为主，适当加笔触的变化（图 5-40）。

② 强调色彩的差异性，特别是绿色层次的变化（图 5-41）。

③ 加强色彩的敏感变化，一般主体对比要强烈，次要的物体对比要削弱。

④ 格局不同的材质，准确地赋予色彩，把握人物对物体固有色的第一印象。

⑤ 强调光影，一般物体的投影可用 104 号马克笔，但是主体的构筑物、大乔木可用 106/211 号马克笔继续加深，凡是有高度的物体都有投影，高度越高投影就越厚。

⑥ 在表现大乔木时，最好做透明化处理，表达树下的设计概况，否则有"大纽扣"的现象。

（2）马克笔景观植物表现（图 5-42）

（3）马克笔和彩铅景观小品表现（图 5-43 至图 5-53）

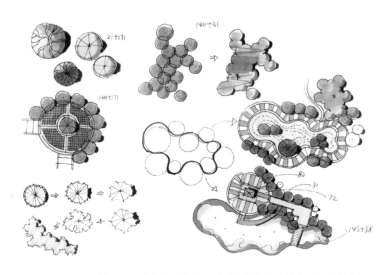

图 5-40　马克笔景观要素平面色彩表现（绘聚手绘教师作品）

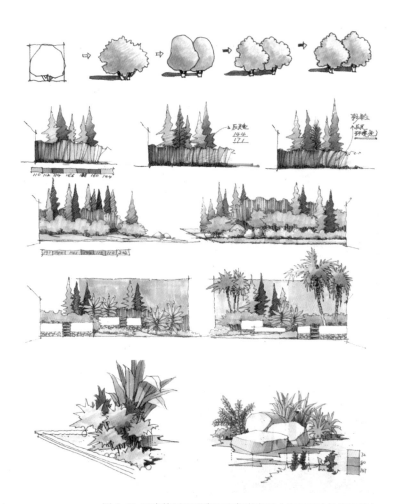

图 5-42　马克笔景观要素平面色彩表现（绘聚手绘教师作品）

图 5-41　马克笔单体植物色彩表现（徐志伟绘）

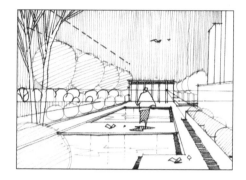

图 5-44 景观小品色彩表现一（徐志伟绘）

图 5-43 景观场景构图训练（徐志伟绘）

图 5-45 景观小品色彩表现二（徐志伟绘）

图 5-46 景观小品色彩表现三　　　　图 5-47 景观小品色彩表现四　　　　图 5-48 景观小品色彩表现五
（徐志伟绘）　　　　　　　　　　　（徐志伟绘）　　　　　　　　　　　（路瑶绘）

图 5-49 景观小品色彩表现六（徐志伟绘）

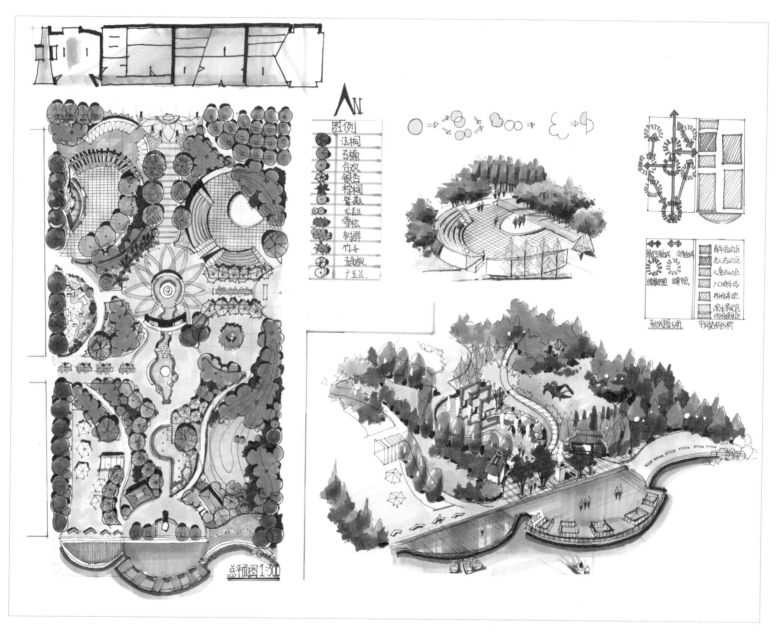

图 5-50　景观小品方案表现一（路瑶绘）

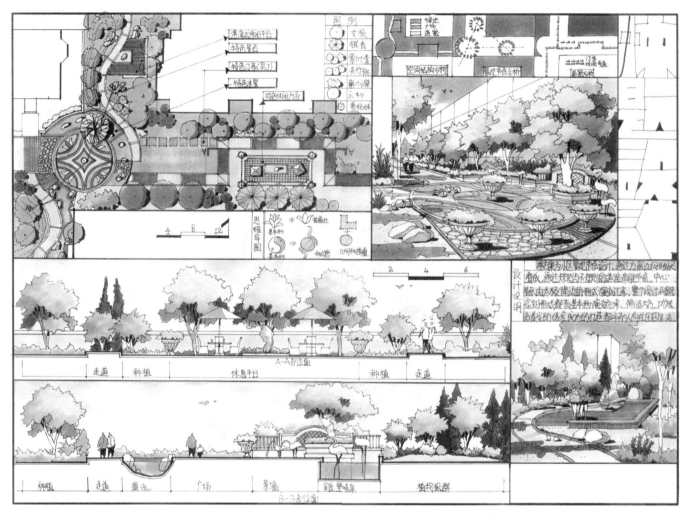

图 5-51 景观小品方案表现二（徐志伟绘）

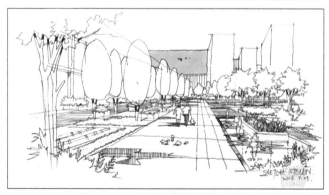

图 5-52、53 景观场景草图训练（绘聚手绘教师作品）

参考文献

[1] 马克·特雷布. 现代景观一次批判性的回顾 [M]. 丁力扬，译. 北京：中国建筑工业出版社，2008.

[2] 彭一刚. 建筑空间组合论（第二版）[M]. 北京：中国建筑工业出版社，1998.

[3] 王向荣，林菁. 多义景观 [M]. 北京：中国建筑工业出版社，2012.

[4] 芦原义信. 外部空间设计 [M]. 尹培桐，译. 北京：中国建筑工业出版社，1985.

[5] 彭一刚. 中国古典园林分析 [M]. 北京：中国建筑工业出版社，2008.

[6] 王向荣，林菁. 西方现代景观设计理论与实践 [M]. 北京：中国建筑工业出版社，2002.

[7] 克莱尔·库珀·马库斯，卡罗琳·弗朗西斯. 人性场所：城市开放空间设计导则 [M]. 俞孔坚，译. 北京：中国建筑工业出版社，2001.

[8] 周维权. 中国古典园林史（第二版）[M]. 北京：清华大学出版社，1999.

[9] 刘滨谊. 现代景观规划设计（第三版）[M]. 南京：东南大学出版社，2010.

[10] 成玉宁. 现代景观设计理论与方法 [M]. 南京：东南大学出版社，2010.

[11] 程大锦. 建筑、形式、空间和秩序（第三版）[M]. 天津：天津大学出版社，2008.

[12] 格兰特·W·里德. 园林景观设计——从概念到形式 [M]. 郑淮兵，译. 北京：中国建筑工业出版社，2004.

[13] 约翰·O·西蒙兹. 景观设计学——场地规划与设计手册 [M]. 俞孔坚，王志芳，孙鹏，译. 北京：中国建筑工业出版社，2000.

[14] 胡长龙. 园林规划设计（第二版）[M]. 北京：中国农业出版社，2005.

[15] 诺曼·K. 布思. 曹礼昆，风景园林设计要素 [M]. 曹德昆，译. 北京：北京科学技术出版社，2015.

[16] 俞昌斌，陈远. 源于中国的现代景观设计 [M]. 北京：机械工业出版社，2010.

[17] 阿尔伯特 J. 拉特利奇. 大众行为与公园设计 [M]. 王求是，高峰，译. 北京：中国建筑工业出版社，1990.

[18] 栾春凤，徐志伟. 风景园林快题设计 [M]. 武汉：武汉理工大学出版社，2015.

[19] 刘志成. 风景园林快速设计与表现 [M]. 北京：中国林业出版社，2012.

[20] 徐振，韩凌云. 风景园林快题设计与表现 [M]. 沈阳：辽宁科学技术出版社，2012.

[21] 徐志伟，李国胜，王夏露. 景观设计 [M]. 南京：江苏科学技术出版社，2014.

[22] 杨鑫，刘媛. 风景园林快题设计 [M]. 北京：化学工业出版社，2012.